PRAKTIKUM DER QUALITATIVEN ANALYSE FÜR MEDIZINER

VON

DR. R. AMMON UND DR. W. FABISCH

BERLIN GREIFSWALD

MIT 1 ABBILDUNG

BERLIN
VERLAG VON JULIUS SPRINGER
1931

ISBN-13:978-3-642-47102-5   e-ISBN-13:978-3-642-47346-3
DOI: 10.1007/978-3-642-47346-3

Geleitwort.

Das vorliegende Praktikum ist für den im Lehrplan vorgeschriebenen Chemiker-Kurs der Mediziner bestimmt und der Stoff darin so begrenzt, daß er in einem Semester in 6 Stunden wöchentlich zu bewältigen ist, falls noch in jeder Woche eine Besprechung von etwa 1 Stunde den Übungen vorangeschickt wird, in der eine theoretische Einführung zu den praktischen Arbeiten gegeben wird und wo auch die allgemeinen praktischen Handgriffe gezeigt werden. In dem Büchlein ist wohl die Gefahr vermieden, den Studenten zu knappe, oft nur tabellarisch geordnete Vorschriften für ihre Analysen zu geben, die den Anfänger eher abschrecken als Interesse für das Fach erwecken, in das er eingeführt werden soll. Es ist aus der praktischen Erfahrung entstanden, und die Anordnung hat sich beim Unterricht bewährt. Hoffentlich wird es auch an anderen Laboratorien eine freundliche Aufnahme finden.

Berlin, im September 1931.

P. RONA.

Vorwort.

Dieses Praktikum entstand während unserer gemeinsamen Tätigkeit im Unterricht als Assistenten bei Herrn Professor Dr. RONA an der Chemischen Abteilung des Pathologischen Instituts der Universität Berlin. Wir haben den Versuch unternommen, eine den Bedürfnissen des Vorklinikers angepaßte Darstellung der anorganischen qualitativen analytischen Chemie mit den wichtigsten theoretischen Erläuterungen zu bringen und hoffen, daß dieses kleine Büchlein sich bei der Ausbildung der jungen Mediziner in dem Chemischen Praktikum bewähren wird.

In einigen praktischen und theoretischen Fragen dienten uns folgende Bücher: RIESENFELD, ,,Anorganisch-chemisches Praktikum''; TREADWELL, ,,Analytische Chemie''; MEDICUS, ,,Qualitative Analyse I. Heft''; HENRICH, ,,Der Gang der qualitativen Analyse''; SMITH-D'ANS, ,,Anorganische Chemie'' und EPHRAIM, ,,Anorganische Chemie''.

Es ist uns eine angenehme Pflicht, Herrn Professor Dr. RONA auch an dieser Stelle unseren Dank für die vielen Ratschläge, die er uns bei der Niederschrift und während der Korrekturen gab, auszusprechen. Wir danken ferner der Verlagsbuchhandlung Julius Springer, die es uns ermöglichte, die Korrektur dieses Praktikums vor der endgültigen Drucklegung noch einmal in der Praxis, im Studenten-Kurs im Sommersemester 1931, vorzunehmen. Bei den Korrekturen halfen uns in dankenswerter Weise die Herren DDr. H. FISCHGOLD, Berlin, und M. WERNER, Bonn, und die technische Assistentin, Fräulein LISA ELLINGER, Berlin.

Berlin, im September 1931.

R. AMMON,
Chem. Abtlg. d. Path.
Inst. d. Univ. Berlin.

W. FABISCH,
Universitäts-Kinder-Klinik,
Greifswald.

Inhaltsverzeichnis
(sachlich geordnet).

Theoretische Kapitel.

Praktische Kapitel.
Reaktionen auf Säuren.

Reaktionen auf Metalle.

Der Analysengang.

Theoretische Vorbemerkungen.

Allgemeines über Elemente, Säuren, Basen und Salze.

Nach der Atomtheorie stellt man sich unter *Atomen* die kleinsten Teile eines Elements vor. Als *Moleküle* bezeichnet man die kleinsten Teile einer chemischen Verbindung. Ein Molekül besteht mithin aus mehreren Atomen. Die Atome sind miteinander nach bestimmten Gesetzmäßigkeiten verknüpft. Die Verknüpfung erfolgt nach gewissen Verwandtschaften *(Affinitäten)* der Atome zueinander. Die zahlenmäßigen Verhältnisse dieser Verknüpfung werden durch Wertigkeiten *(Valenzen)* geregelt, wobei unter Wertigkeit die Anzahl von Wasserstoffatomen verstanden wird, die sich mit dem Atom des betreffenden Elements verbinden können. Wir unterscheiden Elemente mit 1, 2 usw. bis 8 Wertigkeiten, wobei auch ein und dasselbe Element in mehreren Wertigkeitsstufen auftreten kann. Man bringt dann die niedere Wertigkeitsstufe vielfach mit der Endung „o" zum Ausdruck, die höhere mit der Endung „i". So spricht man von Ferro-Salzen beim zweiwertigen, von Ferri-Salzen beim dreiwertigen Eisen. Mitunter bezeichnet man die niederwertige Sauerstoffverbindung eines Elements, das in 2 Wertigkeitsstufen auftritt, als „-oxydul", die höhere als „-oxyd". Bei gewissen Salzen gebraucht man die Endung „-ür", um die niederwertige Verbindung zu kennzeichnen, und die Endung „-id" als Zeichen der höheren Wertigkeitsstufe. Als Beispiel sei das $SnCl_2$, Stannochlorid oder Zinnchlorür, und das $SnCl_4$, das Stannichlorid oder Zinnchlorid genannt. Neuerdings gibt man die jeweilige Wertigkeitsstufe durch eine in Klammern hinzugesetzte Zahl zum Ausdruck, wie z. B. $SbCl_3$, Antimon-(3)-chlorid oder $MnSO_4$, Mangan-(2)-sulfat.

Die folgende Tabelle gibt die wichtigsten Elemente mit ihren Symbolen und ihren Wertigkeiten wieder. Man teilt die Elemente praktisch in zwei Gruppen, Metalle und Metalloide, ein.

1. Metalloide.

Einwertig: Wasserstoff, H; Fluor, F; Chlor, Cl; Brom, Br; Jod, J.
Zweiwertig: Sauerstoff, O.
Dreiwertig: Bor, B.
Vierwertig: Silicium, Si; Kohlenstoff, C.
Zwei-, vier- und sechswertig: Schwefel, S.
Drei- und fünfwertig: Stickstoff, N; Phosphor, P; Arsen, As; Antimon, Sb.

2. Metalle.

Einwertig: Natrium, Na; Kalium, K; Silber, Ag.

Zweiwertig: Magnesium, Mg; Calcium, Ca; Strontium, Sr; Barium, Ba; Zink, Zn; Cadmium, Cd.

Dreiwertig: Aluminium, Al; Wismut, Bi.

Ein- und zweiwertig: Kupfer, Cu; Quecksilber, Hg.

Zwei- und dreiwertig: Eisen, Fe; Kobalt, Co; Nickel, Ni.

Zwei- und vierwertig: Blei, Pb; Zinn, Sn.

Zwei-, drei-, sechs- und siebenwertig: Chrom, Cr.

Zwei-, drei-, vier-, sechs- und siebenwertig: Mangan, Mn.

Das *periodische System* ist eine Zusammenfassung der Elemente, bei der sie im allgemeinen nach steigenden Atomgewichten angeordnet sind. (LOTHAR MEYER, MENDELEJEFF 1869; vgl. S. 3.) Bei dieser Art der Anordnung zeigt sich, daß Elemente mit ähnlichen physikalischen und chemischen Eigenschaften periodisch wiederkehren. Daraus ersehen wir, daß ein innerer Zusammenhang zwischen Atomgewicht und Eigenschaften der Elemente besteht.

Die Kenntnis der Wertigkeiten macht es uns möglich, Formeln von Verbindungen aufzustellen. Wenn wir die Formel von Wasser (H_2O) bilden wollen, so müssen wir berücksichtigen, daß sich Atome eines einwertigen Elements (Wasserstoff) mit Atomen eines zweiwertigen Elements (Sauerstoff) verbinden sollen. Mithin müssen zur vollständigen Sättigung der Wertigkeiten des Sauerstoffs zwei Wasserstoffatome an ein Sauerstoffatom herantreten. Man erhält also die Formel H—O—H. In ähnlicher Weise stellen wir z. B. die Formeln von CaO, Calciumoxyd, Al_2O_3, Aluminiumoxyd, P_2O_5, Phosphorpentoxyd, CH_4, Methan, dar. Beim Al_2O_3, wo wir das dreiwertige Al und den zweiwertigen O vor uns haben, kann eine Verbindung, in der nur ein Al mit 2 O verbunden ist, nicht existieren. Wir müssen noch ein weiteres Al-Atom hinzuziehen, haben dann aber im ganzen sechs Wertigkeiten, die durch drei O-Atome vollkommen abgesättigt werden können. Hieraus ergibt sich die allgemeine Regel, daß man die Anzahl der zu einer Verbindung zusammentretenden Atome derart berechnet, daß ihre Wertigkeiten miteinander multipliziert und durch die Wertigkeit eines jeden Atoms dividiert werden. Die so errechneten Zahlen geben die Anzahl der in der Verbindung enthaltenen Atome an. Also z. B.: P = fünfwertig, O = zweiwertig, $2 \cdot 5 = 10$, $10 : 5 = 2$, $10 : 2 = 5$. Wir benötigen daher zwei P-Atome und fünf O-Atome.

Viele anorganische Verbindungen lassen sich auf drei Typen zurückführen, nämlich auf Säuren, Basen und Salze. Unter einer *Säure* versteht man eine Verbindung, die ein oder mehrere durch Metalle ersetzbare H-Atome enthält. Die allgemeine Formel einer Säure ist HR, wobei unter H der durch Metall ersetzbare Wasserstoff und unter R der Säurerest verstanden wird. Säuren haben die charakteristische Eigenschaft, blaues Lackmuspapier zu röten. Wichtige Säuren sind

Periodisches System der Elemente

mit Ordnungszahlen (fett) und Atomgewichten (nach EPHRAIM, Anorganische Chemie. 4. Aufl. 1929).

0	I a	I b	II a	II b	III a	III b	IV a	IV b	V a	V b	VI a	VI b	VII a	VII b	VIII		
	1 H 1,01																
2 He 4,00	**3** Li 6,94		**4** Be 9,02		**5** B 10,82		**6** C 12,00		**7** N 14,008		**8** O 16,000		**9** F 19,00				
10 Ne 20,18	**11** Na 23,00		**12** Mg 24,32		**13** Al 26,97		**14** Si 28,06		**15** P 31,02		**16** S 32,06		**17** Cl 35,46				
18 A 39,9	**19** K 39,10		**20** Ca 40,07		**21** Sc 45,1		**22** Ti 47,90		**23** V 50,95		**24** Cr 52,01		**25** Mn 54,93		**26** Fe 55,84	**27** Co 58,94	**28** Ni 58,69
		29 Cu 63,57		**30** Zn 65,38		**31** Ga 69,72		**32** Ge 72,60		**33** As 74,96		**34** Se 79,2		**35** Br 79,92			
36 Kr 82,92	**37** Rb 85,45		**38** Sr 87,63		**39** Y 88,93		**40** Zr 91,22		**41** Nb 93,5		**42** Mo 96,0		**43** Ms		**44** Ru 101,7	**45** Rh 102,9	**46** Pd 106,7
		47 Ag 107,88		**48** Cd 112,41		**49** In 114,8		**50** Sn 118,70		**51** Sb 121,76		**52** Te 127,5		**53** J 126,93			
54 X 130,2	**55** Cs 132,81		**56** Ba 137,36		**57—71** La usw.[1]		**72** Hf 178,6		**73** Ta 181,5		**74** W 184,0		**75** Re 188,16		**76** Os 190,9	**77** Ir 193,1	**78** Pt 195,2
		79 Au 197,2		**80** Hg 200,61		**81** Tl 204,39		**82** Pb 207,21		**83** Bi 209,00		**84** Po 210,0		**85** —			
86 Em 222,0	**87**		**88** Ra 225,97		**89** Ac 227		**90** Th 232,12		**91**		**92** U 238,14						

[1] *Seltene Erden:* **57** La **58** Ce **59** Pr **60** Nd **61** Il **62** Sm **63** Eu **64** Gd **65** Tb **66** Dy **67** Ho **68** Er **69** Tu **70** Yb **71** Cp
138,90 140,25 140,92 144,27 150,43 152,0 157,3 159,2 162,46 163,5 167,64 168,5 173,5 175,0

1*

z. B. die Salzsäure, HCl, die Salpetersäure, HNO_3, die Schwefelsäure, H_2SO_4, und die Kohlensäure, H_2CO_3. Wir sehen, daß der Salzsäurerest ebenso wie der Salpetersäurerest mit einem H verbunden ist; beide Reste sind also einwertig, der Schwefelsäure- und der Kohlensäurerest dagegen müssen zweiwertig sein, da sie mit zwei H-Atomen verbunden sind. Ersetzen wir die H-Atome durch Metalle, so kommen wir zu den Salzen der entsprechenden Säuren, so z.B. zu dem Natriumsalz der Salzsäure, NaCl, dem Calciumsalz der Schwefelsäure, $CaSO_4$, dem Kaliumsalz der Kohlensäure, K_2CO_3. Die Metalle treten also gemäß ihren Wertigkeiten an die Stelle der H-Atome. Das einwertige Na ersetzt ein H-Atom, das zweiwertige Ca zwei H-Atome.

Viele Säuren können in Metalloid-Oxyde und Wasser zerfallen, wie z. B. H_2SO_3 in SO_2 und H_2O. Man nennt solche Metalloid-Oxyde, die wiederum bei der Vereinigung mit Wasser Säuren bilden, *Säureanhydride*. Von sauerstoffreien Säuren, wie HCl, gibt es selbstverständlich keine Säureanhydride.

$$H_2SO_4 - H_2O = SO_3 \text{ (Schwefelsäure-Anhydrid, Schwefeltrioxyd),}$$
$$H_2CO_3 - H_2O = CO_2 \text{ (Kohlensäure-Anhydrid, Kohlendioxyd, auch — un-}$$
richtig — Kohlensäure genannt),
$$2\,HNO_3 - H_2O = N_2O_5 \text{ (Salpetersäure-Anhydrid, Stickstoffpentoxyd).}$$

Die *Basen* haben die allgemeine Formel: MeOH, wobei Me ein Metall und OH die einwertige Hydroxylgruppe vorstellt. Ihre charakteristische Eigenschaft ist, rotes Lackmuspapier zu bläuen. Die bekanntesten Basen sind Natronlauge, Natriumhydroxyd, NaOH, Kalilauge, Kaliumhydroxyd, KOH, Barytwasser, Bariumhydroxyd, $Ba(OH)_2$, Aluminiumhydroxyd, $Al(OH)_3$. Aus diesen Formeln ersehen wir, daß ein einwertiges Radikal OH, die Hydroxyl-Gruppe, sich mit einem einwertigen K zu KOH, dagegen drei einwertige OH-Gruppen mit einem dreiwertigen Al zu $Al(OH)_3$ verbinden.

Die Oxyde der Metalle bilden die *Anhydride der Basen:*

$$Na_2O + H_2O = 2\,NaOH$$
$$BaO + H_2O = Ba(OH)_2.$$

Wir hatten gesehen, daß durch Ersatz des Wasserstoffatoms in einer Säure durch ein Metall ein *Salz* entsteht. Man kommt auch zu Salzen, wenn ein Basenanhydrid mit einem Säureanhydrid reagiert und ferner, wenn eine Base auf eine Säure einwirkt, wobei dann Wasser entsteht. Folgende drei Gleichungen geben diese Reaktionen wieder:

1. $H_2SO_4 + Zn = ZnSO_4$ (Zinksulfat) $+ H_2$.
2. $CaO + CO_2 = CaCO_3$ (Calciumcarbonat).
3. $NaOH + HCl = NaCl$ (Natriumchlorid) $+ H_2O$.

Der Vorgang der Salzbildung, wie ihn Gleichung (3) darstellt, wird *Neutralisation* genannt, weil aus Säure und Base das neutrale Salz entsteht. Bei jeder Neutralisation wird aus der Hydroxyl-Gruppe der

Base und dem Wasserstoff der Säure Wasser gebildet. Man nennt allgemein die Säuren, die nur ein Wasserstoffatom enthalten, einbasische Säuren, weil *ein* solches Säuremolekül durch *ein* Molekül einer Base, die nur *eine* Hydroxyl-Gruppe enthält (einsäurige Base), neutralisiert wird. Schwefelsäure, H_2SO_4, ist also eine zweibasische Säure, Bariumhydroxyd, $Ba(OH)_2$, eine zweisäurige Base.

Die Salze, die man sich dadurch entstanden denken kann, daß die gesamten H-Atome durch Metallatome ersetzt sind, nennt man neutrale Salze, wie z. B. NaCl und K_2SO_4. Sind nicht alle H-Atome einer Säure durch Metalle ersetzt, so spricht man von sauren Salzen, wie z. B. $KHSO_4$, saurem Kaliumsulfat. Umgekehrt spricht man von basischen Salzen, wenn bei einer mehrsäurigen Base nicht alle OH-Gruppen durch Säurereste ersetzt sind. Beispiel: $Zn(OH)NO_3$, basisches Zinknitrat.

Die Salze werden nach den säurebildenden Metalloiden benannt; so heißen die Salze der Salzsäure Chloride, die der Schwefelsäure Sulfate, die der Kohlensäure Karbonate, die der Salpetersäure Nitrate. Eine besondere Nomenklatur ist dann nötig, wenn das säurebildende Metalloid mehrere Säuren liefert. Es gilt dabei als allgemeine Regel, daß die Salze der sauerstoffreicheren Säuren die Endung „at" führen, die der Säuren mit geringerem Sauerstoffgehalt die Endung „it" und die Salze der sauerstofffreien Säuren die Endung „id". So nennen wir die Salze der Schwefelsäure, H_2SO_4, Sulfate, die der schwefligen Säure, H_2SO_3, Sulfite, die der Schwefelwasserstoffsäure, H_2S, Sulfide.

Ein Bild davon, wie die einzelnen Atome in dem Molekül miteinander verknüpft sind, geben die *Strukturformeln* der Verbindungen. Als Beispiele seien die Strukturformeln dreier Säuren angeführt. Man stellt sich vor, daß jedes säurebildende Wasserstoffatom bei den sauerstoffhaltigen Säuren über eine Sauerstoffbrücke mit dem Metalloid verbunden ist. So ist die Strukturformel

der Salpetersäure, HNO_3:

$$H-O-N\diagdown{}^{O}_{O}$$

der Schwefelsäure, H_2SO_4:

$$\begin{matrix} H-O \diagdown \\ \diagup S \diagdown{}^{O}_{O} \\ H-O \end{matrix}$$

der Phosphorsäure, H_3PO_4:

$$\begin{matrix} H-O \diagdown \\ H-O - P=O \\ H-O \diagup \end{matrix}$$

Eigenschaften der Anionen und Kationen.

Erfahrungsgemäß leiten wäßrige Lösungen von Säuren, Basen und Salzen den elektrischen Strom. Man nennt sie auch Leiter zweiter Klasse, im Gegensatz zu den Metallen, den Leitern erster Klasse. Diese Leitfähigkeit beruht nach der Theorie der elektrolytischen Dissoziation von Svante Arrhenius darauf, daß beim Auflösen von Säuren, Basen oder Salzen (auch Elektrolyte genannt) in Wasser diese Körper in Träger der elektrischen Ladung, in Ionen, zerfallen. Der Zerfall erfolgt nach bestimmten Gesetzen. So dissoziiert eine Säure immer in das positiv geladene H-Ion (Kation) und in das negativ geladene Säurerest-Ion (Anion). Eine Base dissoziiert in das positiv geladene Metall-Kation und die negativ geladene OH-Gruppe, Hydroxyl-Anion. Salze zerfallen in das Metall-Kation und das Säurerest-Anion. Die Ladung des Wasserstoffions ist die Einheit der positiven Ladung, folglich muß z. B. eine zweibasische Säure in einen zweifach negativ geladenen Säurerest und die beiden positiv geladenen H-Ionen zerfallen. Das Zeichen der positiven Ladung ist ein ˙, das der negativen Ladung ein ′. Die Anzahl der Punkte und Striche gibt die Anzahl der Ladungen an: $Na_2SO_4 = 2\,Na^{\cdot} + SO_4''$. Die vorhin erwähnte allgemeine Eigenschaft der Säuren, blaues Lackmuspapier zu röten, beruht auf den abdissoziierten H-Ionen. Der Grad der Dissoziation gibt uns einen Begriff von der Stärke einer Säure oder Base. Als starke Säuren bezeichnet man solche, die in verdünnten Lösungen zu mehr als 50% dissoziiert sind, mittelstarke Säuren sind solche, die bis zu 1% dissoziiert sind, bei schwachen Säuren beträgt der Dissoziationsgrad weniger als 1%. Zur ersten Gruppe gehören die Mineralsäuren: Salzsäure, HCl, Salpetersäure, HNO_3, und Schwefelsäure, H_2SO_4, zur zweiten Gruppe Phosphorsäure, H_3PO_4, Essigsäure, CH_3COOH, zur dritten Gruppe Schwefelwasserstoff, H_2S, und Kohlensäure, H_2CO_3. Die Basen kann man in gleicher Weise einteilen. Starke Basen sind Natronlauge, NaOH, Kalilauge, KOH, Bariumhydroxyd, $Ba(OH)_2$, eine schwache Base ist Ammoniumhydroxyd, NH_4OH.

Bevor die Eigenschaften der Metalle an ihren Hauptreaktionen dargestellt werden, sollen einige Haupteigenschaften der wichtigsten Säuren beschrieben werden. Hierzu benutzen wir die wässerigen Lösungen der Säuren selbst oder die ihrer Alkalisalze. In allen Gleichungen bedeuten die fettgedruckten Formeln Niederschläge.

Säuren.
Salzsäure, HCl.

Feste Chloride, wie z. B. Kochsalz, NaCl, geben beim Übergießen mit konzentrierter H_2SO_4 HCl-Gas, das nachgewiesen werden kann, wenn man eine Ammoniakflasche in der Nähe öffnet. Es entstehen dicke weiße Nebel von Ammoniumchlorid, NH_4Cl:

$$2\,NaCl + H_2SO_4 = 2\,HCl + Na_2SO_4.$$
$$NH_3 + HCl = NH_4Cl.$$

Gelöste Chloride: Die auf Cl-Ionen zu prüfende Lösung wird mit HNO_3 angesäuert und mit einer $AgNO_3$-(Silbernitrat)-Lösung versetzt. Das Ansäuern ist deshalb wichtig, weil sonst — besonders im Analysengang später — in alkalischer Lösung schwerlösliches Silberhydroxyd im Verein mit AgCl ausfallen kann.

Es entsteht ein weißer, käsiger Niederschlag von Silberchlorid, AgCl, der am Licht allmählich unter Abscheidung von metallischem Silber dunkel wird („photochemischer Effekt"). Im Überschuß von NH_4OH löst sich das AgCl zu Diamminsilberchlorid, $[Ag(NH_3)_2]Cl$:

$$NaCl + AgNO_3 = \mathbf{AgCl} + NaNO_3.$$
$$AgCl + 2\,NH_4OH = [Ag(NH_3)_2]Cl + 2\,H_2O.$$

Durch Salpetersäure wird das komplexe Silbersalz (s. S. 21) zerstört, es fällt AgCl wieder aus:

$$[Ag(NH_3)_2]Cl + 2\,HNO_3 = \mathbf{AgCl} + 2\,NH_4NO_3.$$

Salpetersäure, HNO_3.

Die Salpetersäure bildet keine schwerlöslichen anorganischen Salze. Man ist daher zu ihrem Nachweis auf eine Farbreaktion angewiesen. Die auf Nitrat zu untersuchende Lösung wird, falls sie alkalisch reagiert, mit *verdünnter* H_2SO_4 angesäuert und mit frisch bereiteter (nicht erwärmen!) $FeSO_4$-(Ferrosulfat)-Lösung versetzt. Dann wird langsam *konzentrierte* H_2SO_4 durch Eingießen in das schräg gehaltene Reagenzglas unterschichtet und das Reagenzglas danach vorsichtig aufgerichtet. Es entsteht an der Berührungsstelle zwischen der konzentrierten H_2SO_4 und der wässerigen Lösung ein brauner Ring. An der Berührungsstelle spielen sich folgende Reaktionen ab: Die konzentrierte H_2SO_4 setzt HNO_3 in Freiheit:

$$2\,NaNO_3 + H_2SO_4 = 2\,HNO_3 + Na_2SO_4.$$

Die Salpetersäure wird durch die konzentrierte H_2SO_4 in ihr Anhydrid verwandelt, dieses Anhydrid wird durch das Ferrosulfat reduziert zu NO, Stickoxyd, und Sauerstoff, wobei das Ferrosulfat in Ferrisulfat, $Fe_2(SO_4)_3$ übergeht:

$$2\,HNO_3 = N_2O_5 + H_2O.$$
$$N_2O_5 + 6\,FeSO_4 + 3\,H_2SO_4 = 3\,Fe_2(SO_4)_3 + 3\,H_2O + 2\,NO.$$

Der braune Ring besteht aus einer Verbindung von NO mit überschüssigem Ferrosulfat, die wahrscheinlich folgende Formel besitzt: $[Fe(NO)_2]SO_4$.

Schwefelsäure, H_2SO_4.

Eine Lösung von Sulfaten gibt

1. mit $BaCl_2$ einen weißen Niederschlag von $BaSO_4$, der unlöslich ist.

$$Na_2SO_4 + BaCl_2 = \mathbf{BaSO_4} + 2\,NaCl.$$

2. Mit Bleinitratlösung, $Pb(NO_3)_2$, einen weißen Niederschlag von $PbSO_4$, löslich in ammoniakalischer Weinsäurelösung (s. S. 12):

$$Na_2SO_4 + Pb(NO_3)_2 = \mathbf{PbSO_4} + 2\,NaNO_3.$$

Kohlensäure, H_2CO_3.

Karbonate entwickeln CO_2 bei Übergießen mit einer stärkeren Säure (z. B. Essigsäure, CH_3COOH). Leitet man das CO_2 in eine Lösung von

Ba(OH)$_2$, Barytwasser, so entsteht ein dicker, weißer Niederschlag von BaCO$_3$:

$$Na_2CO_3 + 2\,CH_3COOH = H_2CO_3 + 2\,CH_3COONa \text{ (Natriumacetat)}$$
$$H_2CO_3 = H_2O + CO_2$$
$$CO_2 + Ba(OH)_2 = BaCO_3 + H_2O.$$

Am besten führt man diese Reaktion in der abgebildeten Apparatur aus. Sie besteht aus zwei Reagenzgläsern und einem Gasüberleitungsrohr, das an seinen Schenkeln durchbohrte Korkstopfen trägt, die auf die

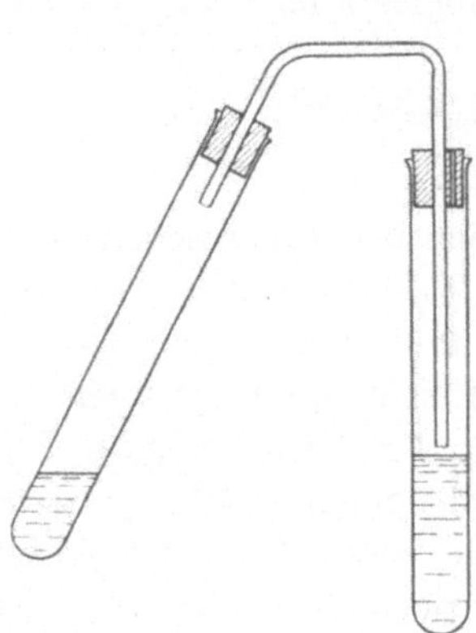

Reagenzgläser passen. Das eine Reagenzglas wird mit frisch filtrierter Barytlauge so weit gefüllt, daß der längere Schenkel des Einleitrohrs gerade die Oberfläche der Flüssigkeit berührt. Der Korkstopfen, der das Einleitungsrohr mit diesem Reagenzglas verbindet, ist seitlich eingekerbt, damit durch die einströmende CO$_2$ kein Überdruck in dem Apparat entsteht. Das andere Reagenzglas wird nun mit der zu untersuchenden Substanz und Essigsäure gefüllt und schnell mit dem freien Schenkel des Einleitrohrs verbunden. Hierauf wird dies Reagenzglas unter leichtem Schütteln vorsichtig erwärmt. Falls Karbonate in der Analysensubstanz vorhanden sind, so scheiden sich weiße Flocken von BaCO$_3$ in der Bariumhydroxydlösung ab.

Massenwirkungsgesetz und Dissoziationskonstante.

Die meisten für die Analyse in Frage kommenden Reaktionen sind Ionen-Reaktionen, bei denen das Bestreben besteht, zu möglichst wenig dissoziierten Körpern zu gelangen, die vielfach schwer löslich sind. Wenn also auf irgendeine Weise sich zwei Ionenarten treffen, die miteinander einen wenig dissoziierten und damit oft schwer löslichen Körper bilden, so müssen beide Ionenarten sich zu diesem undissoziierten Molekül vereinigen, das wegen seiner Schwerlöslichkeit dann ausfällt. Man kann daher auch viele Reaktionen in Ionengleichungen schreiben, von denen wir noch viele typische Beispiele kennenlernen werden. Man bezeichnet das Produkt der höchsten Konzentrationen, bei denen sich zwei Ionenarten gerade noch nebeneinander in Lösung halten können, als das *Löslichkeitsprodukt*. Das Löslichkeitsprodukt ist für die einzelnen Körper sehr verschieden, es ist groß bei leicht löslichen, sehr klein bei schwer löslichen bzw. praktisch unlöslichen Körpern. Es hängt außer von der Natur der Ionen von der Temperatur des Lösungsmittels und von dem Lösungsmittel selbst ab.

Neben Fällungsreaktionen, die zu praktisch unlöslichen Niederschlägen führen, wie die Fällung von Ba-Ionen durch SO_4-Ionen, kennen wir auch solche, die unvollständig verlaufen, z. B. die Fällung von Ca-Ionen durch SO_4-Ionen. Man kann sich davon ein Bild machen, wenn man sich vorstellt, daß neben der Reaktion, die zu dem ausfallenden Produkt führt, eine entgegengesetzte Reaktion verläuft, die also zu einer Lösung des Körpers führen muß. Von dem Verhältnis der Geschwindigkeiten dieser beiden Reaktionen wird es abhängen, wie weit eine Fällung vollständig ist.

Dieses Prinzip zweier entgegengesetzt verlaufender und somit immer sich auf ein Gleichgewicht einstellender Reaktionen findet sich nicht nur bei Fällungs- und Lösungsvorgängen, sondern gilt als ganz allgemeines Prinzip bei allen chemischen Umsetzungen und findet seinen rechnerischen Ausdruck in dem *Massenwirkungsgesetz* von GULDBERG und WAAGE. Wir wollen dieses Gesetz an einem einfachen, gleichzeitig technisch wichtigen Prozeß kurz veranschaulichen. Wassergas besteht aus einem Gemisch von CO_2, H_2, CO, (Kohlenmonoxyd), H_2O, und zwar sind von diesen vier Partnern gleiche Mengen vorhanden. Man erhält das gleiche Gasgemisch, wenn man einmal von einem Gemisch von CO_2 und H_2 ausgeht, das andere Mal ein Gemisch von CO und H_2O denselben Bedingungen (Temperatur und Druck) aussetzt. Im ersten Falle spielt sich folgender Prozeß ab:

$$CO_2 + H_2 = CO + H_2O,$$

im anderen Falle:

$$CO + H_2O = CO_2 + H_2.$$

Beide Prozesse streben zu einem bestimmten Gleichgewichtszustand hin, der dadurch charakterisiert ist, daß zum Schluß von den vier Gasen gleiche Teile vorhanden sind, oder daß die Entwicklung von CO und H_2O aus CO_2 und H_2 mit der gleichen Geschwindigkeit verläuft wie die Umsetzung von CO und H_2O zu CO_2 und H_2. Man kann diese Gleichungen auch in folgender Form schreiben:

$$CO_2 + H_2 \rightleftarrows CO + H_2O.$$

Das Produkt der molaren Konzentrationen (s. S. 29), die durch [ ] zum Ausdruck gebracht werden, der Reaktionsteilnehmer auf der einen Seite, dividiert durch das der anderen Seite, ist also nach dem eben Erörterten eine konstante Größe, in diesem Falle gleich 1.

$$\frac{[CO_2] \cdot [H_2]}{[CO] \cdot [H_2O]} = 1 = K.$$

Ein anderes Beispiel, das wir näher betrachten wollen, sei die Dissoziation einer Säure. Essigsäure ist in einer bestimmten Verdünnung zu einem bestimmten Prozentsatz in H-Ionen und CH_3COO-Ionen zerfallen. Der Grad dieser Dissoziation ist für jede Verdünnung eine ganz bestimmte Größe. Wir können also wie oben diesen Zustand folgendermaßen formulieren:

$$CH_3COOH \rightleftarrows CH_3COO' + H^{\cdot}$$

oder:

$$\frac{[H^{\cdot}] \cdot [CH_3COO']}{[CH_3COOH]} = K.$$

Daraus würde sich folgendes ergeben: Erhöhen wir die Konzentration z. B. der $H^{\cdot}$ durch Zufügen einer starken Säure, etwa HCl, so muß, damit die Konstanz des Bruches bei der Vergrößerung eines der Faktoren des Zählers gewahrt bleibt, sich auch der Nenner vergrößern. Es muß also durch Zufügen einer stärkeren Säure zu einer Essigsäurelösung die Menge der undissoziierten Essigsäure vergrößert werden. Das gleiche ergibt sich dann, wenn zu der Essigsäurelösung CH_3COO'-Ionen etwa in Form einer Natriumacetatlösung zugefügt werden. Auch hier ist der Erfolg eine Vermehrung der undissoziierten Essigsäure, somit aber eine Verminderung der $H^{\cdot}$-Ionen und daher eine Herabsetzung der Azidität der Lösung. Von dieser Tatsache wird in der Analyse häufig Gebrauch gemacht. Die gleiche Gesetzmäßigkeit gilt für Basen. Auch die OH'-Konzentration etwa einer NH_4OH-Lösung läßt sich in der gleichen Weise formulieren:

$$\frac{[NH_4^{\cdot}] \cdot [OH']}{[NH_4OH]} = K.$$

Fügt man zu dieser NH_4OH-Lösung NH_4-Ionen in Form von NH_4Cl zu, so ergibt sich aus den gleichen Gründen wie oben angeführt eine Verminderung der OH'-Konzentration, die Lösung wird also weniger basisch reagieren. Auch diese Maßnahme wird in der analytischen Praxis sehr viel angewendet (vgl. Magnesiumfällung, ferner die Herstellung der Magnesia-Mixtur s. S. 32 bzw. 41).

Die Konstante K, die wir bei der Essigsäure betrachtet haben, ist, wie erwähnt wurde, für jede Säure und bei einer bestimmten Temperatur charakteristisch und wird die *Dissoziationskonstante* der Säure genannt. Bei stark dissoziierten Säuren wird diese Konstante analog dem, was wir beim Löslichkeitsprodukt einer leicht löslichen Verbindung besprochen haben, groß sein, bei schwachen, wenig dissoziierten Säuren klein.

Auch Wasser ist ein Körper, der elektrolytisch dissoziiert ist, wenn auch nur in außerordentlich geringem Grade. Die Dissoziation ist dabei folgendermaßen zu formulieren:

$$H_2O \rightleftarrows H^{\cdot} + OH',$$

also

$$\frac{[H^{\cdot}] \cdot [OH']}{[H_2O]} = K$$

oder

$$[H^{\cdot}] \cdot [OH'] = K \cdot [H_2O].$$

Da wegen der äußerst geringen Dissoziation des Wassers die Konzentration des undissoziierten Wassers, $[H_2O]$, als eine Konstante, k, betrachtet werden kann, so lautet die endgültige Formulierung:

$$[H^\cdot] \cdot [OH'] = K \cdot k = K_w.$$

Auf Grund zahlreicher Messungen ist man für die Dissoziationskonstante des Wassers, K_w, zu dem Wert 10^{-14} gekommen. Es müssen also von den $H^\cdot$ wie von den OH' je 10^{-7} Grammäquivalente (s. S. 29) in einem Liter Wasser vorhanden sein. Wird die Konzentration der $H^\cdot$ vermehrt durch Zufügen einer Säure, so müssen die OH' entsprechend abnehmen, damit der Wert für $K_w = 10^{-14}$ erhalten bleibt. Analoges gilt für eine Vermehrung der OH' durch Zufügen einer Base. Da Wasser weder sauer noch alkalisch reagiert, so müssen in ihm äquivalente Konzentrationen von $H^\cdot$ und OH' vorhanden sein. Der Neutralpunkt einer jeden wässerigen Lösung wäre also $[H^\cdot] = [OH'] = 10^{-7}$. Ist dagegen z. B. $[H^\cdot] = 10^{-4}$, so muß $[OH']$ 10^{-10} betragen. Diese Lösung würde also sauer reagieren, ist $[H^\cdot] = 10^{-9}$, so muß $[OH']$ 10^{-5} betragen. Dies wäre eine alkalische Lösung. Die H-Ionenkonzentration gibt demnach Aufschluß über die Azididitäts- und Alkalitätsverhältnisse einer Lösung.

Um die Schreibweise zu vereinfachen, nimmt man den negativen Logarithmus der H-Ionenkonzentration zur Definition der Azidität oder Alkalität einer Lösung. Diesen Logarithmus nennt man nach einem Vorschlage von Sörensen p_H. Man würde demgemäß für die neutrale Reaktion $p_H = 7$ zu setzen haben. Eine saure Lösung muß also einen p_H kleiner als 7 besitzen, eine alkalische einen größer als 7.

Der p_H-Begriff ist besonders zum Verständnis physiologischer Vorgänge sehr wichtig. So hat das Blut z. B. einen p_H von etwa 7,3, d. h. es reagiert ganz schwach alkalisch.

Metalle.

I. Die HCl-Gruppe (Ag, zweiwertiges Pb, einwertiges Hg).

Diese Elemente haben die gemeinsame Eigenschaft, in Wasser schwer lösliche Chloride zu bilden. Wässerige Lösungen von Salzen dieser Metalle geben mit HCl bzw. Cl-Ionen Niederschläge, die aus den Chloriden dieser Metalle bestehen.

Silber, Ag.

Das Silber ist einwertig.

Eine wässerige Lösung von $AgNO_3$ gibt

1. Mit HCl oder einer Chloridlösung versetzt, weißes, käsiges AgCl, das in HNO_3 unlöslich, in NH_3 löslich ist (s. S. 21):

$$AgNO_3 + HCl = AgCl + HNO_3$$

oder als Ionengleichung:

$$Ag^\cdot + Cl' = AgCl.$$

2. mit NaOH-Lösung braunes Silberoxyd:

$$NaOH + AgNO_3 = NaNO_3 + AgOH.$$
$$2\,AgOH = H_2O + \mathbf{Ag_2O}.$$

Das sich zuerst bildende AgOH zerfällt in sein Anhydrid und H_2O.

3. nach Durchleiten von H_2S, Schwefelwasserstoff, schwarzes Silbersulfid, löslich in konz. HNO_3:

$$2\,AgNO_3 + H_2S = \mathbf{Ag_2S} + 2\,HNO_3$$

oder als Ionengleichung:

$$2\,Ag^{\cdot} + S'' = \mathbf{Ag_2S}.$$

Blei, Pb (zweiwertig).

Eine wässerige Lösung von $Pb(NO_3)_2$ gibt

1. mit HCl bzw. Cl-Ionen (tropfenweis und unter Umschütteln hinzugefügt) weißes, kristallines $PbCl_2$:

$$Pb(NO_3)_2 + 2\,HCl = \mathbf{PbCl_2} + 2\,HNO_3$$

oder auch

$$Pb^{\cdot\cdot} + 2\,Cl' = \mathbf{PbCl_2}.$$

Dieses ist in heißem Wasser leicht löslich.

2. Mit H_2SO_4 oder SO_4'' weißes $PbSO_4$, das in ammoniakalischer Weinsäurelösung unter Komplexsalzbildung (s. S. 21) löslich ist:

$$Pb(NO_3)_2 + H_2SO_4 = \mathbf{PbSO_4} + 2\,HNO_3$$

oder in Ionengleichung:

$$Pb^{\cdot\cdot} + SO_4'' = \mathbf{PbSO_4}.$$

Die ammoniakalische Weinsäurelösung wird bereitet, indem man eine wässerige Lösung von Weinsäure, $COOH \cdot (CHOH)_2 \cdot COOH$, mit NH_3 bis zur alkalischen Reaktion versetzt.

3. Mit Kalium-Chromat gelbes $PbCrO_4$, das in HNO_3 löslich ist:

$$Pb(NO_3)_2 + K_2CrO_4 = \mathbf{PbCrO_4} + 2\,KNO_3.$$

4. Nach Durchleiten von H_2S schwarzes Bleisulfid, PbS, das in starken Säuren löslich ist:

$$Pb(NO_3)_2 + H_2S = \mathbf{PbS} + 2\,HNO_3.$$

Quecksilber (einwertig), Hg.

1. Merkuronitratlösung gibt, mit Cl-Ionen versetzt, weißes Merkurochlorid, HgCl, auch Kalomel genannt, das beim Übergießen mit NH_4OH schwarz wird:

$$HgNO_3 + NaCl = \mathbf{HgCl} + NaNO_3.$$
$$Hg^{\cdot} + Cl' = \mathbf{HgCl}.$$

$$2\,HgCl + 2\,NH_4OH = \mathbf{HgClNH_2}\,(\text{Mercuriamidochlorid}) + \mathbf{Hg} + NH_4Cl + 2\,H_2O.$$

Das fein verteilte metallische Hg färbt den Niederschlag schwarz, daher der Name Kalomel.

2. Merkuronitratlösung, mit Stannochloridlösung, SnCl$_2$, Zinnchlorür, versetzt: Abscheidung von grauem metallischem Hg unter Bildung von Stannichlorid:

$$2\,HgNO_3 + SnCl_2 + 2\,HCl = \mathbf{2\,Hg} + SnCl_4 + 2\,HNO_3$$

oder auch in Ionenform:

$$2\,\overset{\cdot}{Hg} + \overset{\cdot\cdot}{Sn} = \overset{\cdot\cdot\cdot\cdot}{Sn} + \mathbf{2\,Hg}.$$

Das SnCl$_2$ ist in verdünnter HCl zu lösen.

Die Trennung der Metalle der HCl-Gruppe in der Analyse beruht darauf, daß man den Chloridniederschlag mit heißem Wasser auszieht, wodurch PbCl$_2$ gelöst wird, dann den im Filter bleibenden Rückstand mit NH$_4$OH übergießt, der das AgCl als [Ag(NH$_3$)$_2$]Cl löst und HgCl auf dem Filter schwärzt.

II. Die H$_2$S-Gruppe (zweiwertiges Hg, Pb, Bi, Cu, Cd; As, Sb, Sn).

Cu und Cd sind zweiwertig, Pb und Sn zwei- und vierwertig, Bi ist dreiwertig, und As und Sb sind drei- und fünfwertig. Die Metalle dieser Gruppe sind mit H$_2$S in saurer Lösung als Sulfide fällbar. Ein Teil dieser Sulfide löst sich in überschüssigem gelben (NH$_4$)$_2$S auf. Auf diese Weise zerfällt die H$_2$S-Gruppe in die Kupfergruppe (Hg — Cd) und die Zinngruppe (As — Sn); denn die Sulfide der Sn-Gruppe sind in gelbem (NH$_4$)$_2$S löslich und auf diese Weise aus dem Sulfidgemisch abtrennbar. Diese Löslichkeit beruht darauf, daß die Metalle der Sn-Gruppe Sulfosäuren, d. h. Säuren, in denen der Sauerstoff ganz oder teilweise durch zweiwertigen Schwefel ersetzt ist, bilden können, deren Ammoniumsalze löslich sind. Beispiel: (NH$_4$)$_3$AsO$_4$ Ammoniumarsenat; (NH$_4$)$_3$AsS$_4$ Ammoniumsulfarsenat.

Die H$_2$S-Gruppe (Kupfergruppe).
Quecksilber (zweiwertig), Hg.

1. Merkurinitratlösung, mit NaOH versetzt, gibt gelbes HgO:

$$Hg(NO_3)_2 + 2\,NaOH = \mathbf{Hg(OH)_2} + 2\,NaNO_3$$
$$Hg(OH)_2 = \mathbf{HgO} + \mathbf{H_2O}.$$

2. H$_2$S fällt schwarzes HgS, das in verdünnten Säuren unlöslich ist:

$$Hg(NO_3)_2 + H_2S = \mathbf{HgS} + 2\,HNO_3$$

oder:
$$\overset{\cdot\cdot}{Hg} + S'' = \mathbf{HgS}.$$

3. Stannochloridlösung, SnCl$_2$, fällt weißes HgCl bzw. schwarzes Hg oder ein Gemisch von beiden aus, je nach dem Mengenverhältnis von Mercuri- und Stanno-Ionen.

$$HgCl_2 + SnCl_2 = SnCl_4 + \mathbf{Hg}.$$
$$2\,HgCl_2 + SnCl_2 = SnCl_4 + \mathbf{2\,HgCl}.$$

Blei, Pb.

Die Reaktionen sind auf S. 12 beschrieben.

Wismut, Bi.

1. In einer $Bi(NO_3)_3$-Lösung fällt Schwefelwasserstoff braunes Bi_2S_3, das in heißer Salpetersäure löslich ist:

$$2\,Bi(NO_3)_3 + 3\,H_2S = Bi_2S_3 + 6\,HNO_3$$

oder in Ionenform:

$$2\,Bi^{\cdots} + 3\,S'' = Bi_2S_3.$$

2. Alkalistannitlösung fällt schwarzes metallisches Wismut. Die Alkalistannitlösung wird durch Zugabe von NaOH zu einer $SnCl_2$-Lösung hergestellt, bis der zuerst entstehende Niederschlag von $Sn(OH)_2$ wieder in Lösung gegangen ist unter Bildung von Na_2SnO_2, Natriumstannit:

$$2\,Bi(NO_3)_3 + 3\,Na_2SnO_2 + 6\,NaOH = 3\,Na_2SnO_3 \text{ (Natriumstannat)} + \mathbf{2\,Bi}$$
$$+ 6\,NaNO_3 + 3\,H_2O.$$

3. Reichlicher Wasserzusatz zu einer Wismutnitratlösung erzeugt einen weißen Niederschlag, der aus basischen Wismutverbindungen besteht. (Hydrolyse, siehe später S. 19.)

4. Ammoniakzusatz bewirkt eine Abscheidung von Wismuthydroxyd:

$$Bi(NO_3)_3 + 3\,NH_4OH = Bi(OH)_3 + 3\,NH_4NO_3.$$

Kupfer, Cu.

1. Eine Kupfersulfatlösung gibt nach Einleiten von Schwefelwasserstoff schwarzes CuS, das in heißer Salpetersäure löslich ist:

$$CuSO_4 + H_2S = CuS + H_2SO_4$$
oder:
$$Cu^{\cdot\cdot} + S'' = CuS.$$

2. Zusatz von Ammoniak bewirkt in einer $CuSO_4$-Lösung zuerst einen grünlichblauen Niederschlag von Cuprihydroxyd, $Cu(OH)_2$, der im Ammoniaküberschuß mit tief kornblumenblauer Farbe sich auflöst unter Bildung des komplexen Cupritetrammin-Ions:

$$CuSO_4 + 2\,NH_4OH = Cu(OH)_2 + (NH_4)_2SO_4$$
$$Cu(OH)_2 + 4\,NH_4OH = [Cu(NH_3)_4](OH)_2 + 4\,H_2O.$$

3. NaOH fällt blaues $Cu(OH)_2$, das auf Weinsäurezusatz als komplexes Cupritartrat-Ion in Lösung geht, wobei man darauf achten muß, daß die Lösung alkalisch bleibt; die Flüssigkeit färbt sich sonst nicht tiefblau. Durch Reduktionsmittel, z. B. Traubenzucker, wird das zweiwertige Cu zu einwertigem Cu reduziert, es bildet sich das CuOH, das schnell in sein Anhydrid, das ziegelrote Cuprooxyd, Cu_2O, übergeht. (Eine alkalische Lösung des komplexen Cupritartrats heißt FEHLINGsche Lösung, die oft zum Nachweis des Zuckers im Urin benutzt wird.)

Cadmium, Cd.

H_2S erzeugt in einer Cadmium-Salzlösung einen kanariengelben Niederschlag von CdS:

$$CdCl_2 + H_2S = CdS + 2\,HCl.$$

Das CdS fällt nur in sehr schwach sauren Lösungen aus.

Eine Trennung der Sulfide der Kupfergruppe würde in folgender Weise vorzunehmen sein: Das Gemisch der Sulfide wird mit einem Gemisch aus 1 Teil conc. HNO_3 und 2 Teilen H_2O behandelt, in der alle Sulfide außer HgS löslich sind. Aus dem Filtrat wird das Blei als $PbSO_4$ entfernt, in dem Filtrat hiervon das Wismut als $Bi(OH)_3$, Kupfer und Cadmium werden durch die unterschiedliche Fällbarkeit ihrer Sulfide bei stärkerer oder schwächerer Säurekonzentration getrennt.

Die H₂S-Gruppe (Zinn-Gruppe).

Die zu dieser Gruppe gehörigen Metalle treten in mehreren Wertigkeitsstufen auf. So ist das As und Sb drei- und fünfwertig, Sn zwei- und vierwertig. Für alle Elemente dieser Gruppe gilt, daß sie sowohl als Anionen- als auch als Kationenbildner auftreten können. Z. B. H_3AsO_3, arsenige Säure, $AsCl_3$, Arsentrichlorid, H_3SbO_4, Antimonsäure, $SbCl_5$, Antimonpentachlorid, Na_2SnO_2, Natriumstannit, und $SnCl_4$, Stannichlorid. Die Sulfide dieser Gruppe sind mit Ausnahme des SnS, das dunkelbraun ist, gelb bis orangerot gefärbt.

Wir benutzen in der Praxis Lösungen von Salzen des drei- und fünfwertigen Arsens und Antimons. In den folgenden Gleichungen sind statt der Verbindungen des As und Sb der Einfachheit halber nur die Anhydride geschrieben.

Arsen, As.

1. Die MARSHsche Probe: Prinzip: Arsenverbindungen, mit naszierendem Wasserstoff behandelt, geben flüchtigen AsH_3, der durch Erhitzen in As und Wasserstoff zerlegt wird. Das As scheidet sich als dunkler Fleck von feinverteiltem Metall ab. Ausführung: In ein Reagenzglas, das mit einem Tuche umwickelt wird, gebe man einige ccm der auf As zu untersuchenden Lösung, dazu verdünnte Schwefelsäure, einen Tropfen einer $CuSO_4$-Lösung und ein Stückchen Zink. Dann setzt man auf das Reagenzglas einen durchbohrten Stopfen, in dem ein Glasröhrchen steckt, das zu einer Spitze ausgezogen ist. Man wartet etwa 3 Minuten ab, damit in dem Reagenzglas kein Knallgas, d. h. ein sehr explosibles Luft-Wasserstoffgemisch, mehr enthalten ist, und bringt das aus der Spitze kommende Gasgemisch an einem Bunsenbrenner zur Entzündung. Gegen die ausströmende Flamme hält man eine trockene Porzellanschale. War in der Substanz Arsen vorhanden, so entsteht ein dunkelbrauner Fleck, der in einer Lösung von NaOCl (Eau de Javelle) leicht löslich ist:

$$As_2O_5 + 16\,H = 2\,AsH_3 + 5\,H_2O,$$
$$2\,AsH_3 = 2\,As + 3\,H_2,$$
$$2\,As + 5\,NaOCl + 3\,H_2O = 2\,H_3AsO_4 + 5\,NaCl.$$

Die gleiche Probe gibt Antimon, nur ist der Fleck in NaOCl schwerer löslich.

2. BETTENDORFsche Probe: Arsenverbindungen werden durch konzentrierte HCl in Chloride überführt, diese durch $SnCl_2$ in metallisches Arsen verwandelt, wobei das $SnCl_2$ in $SnCl_4$ übergeht:

$$As_2O_5 + 10\ HCl = 2\ AsCl_5 + 5\ H_2O,$$
$$2\ AsCl_5 + 5\ SnCl_2 = 5\ SnCl_4 + 2\ As.$$

Die Reaktion wird folgendermaßen ausgeführt: Die zu untersuchende Lösung wird mit dem gleichen Volumen conc. HCl durchmischt, mit einem Überschuß einer sehr konzentrierten Lösung von $SnCl_2$ in conc. HCl versetzt und erwärmt. Es fallen dann braunschwarze Flocken von metallischem Arsen aus.

3. H_2S erzeugt in einer Lösung eines drei- oder fünfwertigen Arsensalzes einen gelben Niederschlag von As_2S_3 und As_2S_5. Da H_2S ein Reduktionsmittel ist, so wird das fünfwertige Arsen, besonders, wenn das Sulfid in der Hitze gefällt wird, größtenteils zu dreiwertigem As reduziert:

$$As_2O_3 + 3\ H_2S = As_2S_3 + 3\ H_2O \quad \text{bzw.} \quad As_2O_5 + 5\ H_2S = As_2S_3 + 2\ S + 5\ H_2O.$$

Das Arsensulfid ist in gelbem Schwefelammon löslich, in konzentrierter HCl unlöslich. Die Auflösung des As_2S_3 in gelbem Schwefelammon ist folgendermaßen zu formulieren:

$$As_2S_3 + 3(NH_4)_2S + 2\ S = 2\ (NH_4)_3AsS_4$$

oder in Ionenform: $\quad As_2S_3 + 3\ S'' + 2\ S = 2\ AsS_4'''.$

Es ist wichtig, gelbes Schwefelammon zu benutzen, da es neben $(NH_4)_2S$ noch die sogenannten Polysulfide von der allgemeinen Formel $(NH_4)_2S_x$ enthält, die in das gewöhnliche Sulfid und Schwefel (S_{x-1}) zerfallen. x kann im höchsten Falle den Wert 9 annehmen.

4. Ammoniakalisch gemachte Lösungen von fünfwertigem Arsen geben mit einer Mischung von NH_4Cl-, $MgCl_2$- und NH_4OH-Lösung (Magnesia-Mixtur) (in dieser Reihenfolge zu mischen) einen weißen kristallinen Niederschlag von NH_4MgAsO_4, Ammonium-magnesiumarsenat:

$$As_2O_5 + 2\ MgCl_2 + 6\ NH_4OH = 2\ NH_4MgAsO_4 + 4\ NH_4Cl + 3\ H_2O.$$

Will man diese Probe anstellen, so muß man evtl. dreiwertiges Arsen, das man im Analysengang als Sulfid, As_2S_3, gewinnt, in fünfwertiges Arsen überführen. Das geschieht am besten durch Erhitzen mit konzentrierter HNO_3 und Einengen fast bis zur Trockne. Die Lösung muß vor dem Prüfen mit der Magnesia-Mixtur ammoniakalisch gemacht werden. Der bei der Oxydation entstehende Schwefel wird abfiltriert.

Antimon, Sb.

1. H_2S erzeugt in Lösungen von drei- und fünfwertigem Sb einen orangeroten Niederschlag von Sb_2S_3:

$$Sb_2O_3 + 3\ H_2S = Sb_2S_3 + 3\ H_2O.$$

Das Sulfid ist in gelbem Schwefelammon und in konzentrierter HCl löslich.

Metallisches Antimon ist in konzentrierter HCl unlöslich, dagegen in konzentrierter Salpetersäure löslich (wichtig zur späteren Trennung von Zinn).

2. MARSHsche Probe, siehe bei Arsen. Der metallische Sb-Fleck löst sich schwerer beim Befeuchten mit Javellescher Lösung als der As-Fleck.

Zinn, Sn.

1. H$_2$S fällt in Lösungen von zwei- und vierwertigem Zinn braunes SnS bzw. gelbes SnS$_2$:

$$SnCl_2 + H_2S = SnS + 2\,HCl \qquad bzw. \qquad SnCl_4 + 2\,H_2S = SnS_2 + 4\,HCl$$

oder in Ionenform:

$$Sn^{\cdot\cdot} + S'' = SnS \qquad bzw. \qquad Sn^{\cdot\cdot\cdot\cdot} + 2\,S'' = SnS_2.$$

Diese Sulfide sind sowohl in gelbem Schwefelammon als auch in konzentrierter Salzsäure löslich.

2. Metallisches Zinn löst sich in konzentrierter HCl unter Bildung von SnCl$_2$ auf.

3. Eine SnCl$_2$-Lösung, mit HgCl$_2$ versetzt, erzeugt einen weißen bzw. grauen Niederschlag (siehe Quecksilber).

In dem Sulfidgemisch der Kupfer- und Zinngruppe sind beide Gruppen durch überschüssiges gelbes Schwefelammon zu trennen. Die als Sulfosalze gelösten Sulfide von Arsen, Antimon und Zinn werden durch HCl wieder in die Sulfide umgewandelt, die wegen ihrer Schwerlöslichkeit ausfallen. Antimon- und Zinnsulfid werden vom Arsensulfid durch konzentrierte HCl getrennt. Sb und Sn werden aus der Lösung durch metallisches Zink als Metalle niedergeschlagen und durch die verschiedene Löslichkeit in konz. HCl. unterschieden.

Oxydation und Reduktion.

Unter *Oxydation* sei zunächst die Aufnahme von Sauerstoff bzw. die Abgabe von Wasserstoff verstanden, unter *Reduktion* die Abgabe von Sauerstoff bzw. Aufnahme von Wasserstoff. Ein *Oxydationsmittel* ist also ein Körper, der Sauerstoff abgeben oder Wasserstoff aufnehmen kann, ein *Reduktionsmittel* gibt Wasserstoff ab und nimmt Sauerstoff auf.

Beispiel einer Oxydation: SO$_2$ + O = SO$_3$ und einer Reduktion: FeO + H$_2$ = Fe + H$_2$O. Wir ersehen aus diesen Gleichungen noch folgendes: Der Schwefel geht bei der Sauerstoffaufnahme von dem vierwertigen Schwefel des Schwefeldioxyds in den sechswertigen des Schwefeltrioxyds über. Die Oxydation verläuft also unter Erhöhung der Wertigkeitsstufe des oxydierten Stoffes. Bei der Reduktion haben wir den umgekehrten Vorgang. Das zweiwertige Eisen des Ferrooxyds geht durch die Reduktion in elementares Eisen über. Die Reduktion vollzieht sich demnach unter einer Verminderung der Wertigkeitsstufe des reduzierten Stoffes. Wie wir noch an den späteren Beispielen sehen werden, ist die Definition der Oxydation und Reduktion als Erhöhung bzw. Erniedrigung der Wertigkeitsstufe eines Elementes die allgemeinere Fassung.

Die Wirkungsweisen der wichtigsten Oxydations- und Reduktionsmittel werden in folgenden Gleichungen dargelegt:

Oxydationsmittel:

Wasserstoffsuperoxyd: $H_2O_2 = H_2O + O$.

Chlorwasser: $Cl_2 + H_2O = 2\,HCl + O$.

Salpetersäure: $2\,HNO_3 = N_2O_5 + H_2O$.

$$N_2O_5 = 2\,NO + 3\,O.$$

Kaliumpermanganat: $2\,KMnO_4 + H_2SO_4 = K_2SO_4 + 2\,HMnO_4$.

$$2\,HMnO_4 = Mn_2O_7 + H_2O.$$

$$Mn_2O_7 = 2\,MnO + 5\,O.$$

$$2\,MnO + 2\,H_2SO_4 = 2\,MnSO_4 + 2\,H_2O.$$

Durch die H_2SO_4 wird die Übermangansäure aus ihrem Salze freigesetzt. Diese Säure, in der das Mn siebenwertig ist, geht in ihr Anhydrid über. Aus dem Anhydrid entsteht durch Abgabe von Sauerstoff das Oxyd des zweiwertigen Mangans, das sich mit Schwefelsäure zu Manganosulfat umsetzt.

Reduktionsmittel:

Wasserstoff: $H_2 + O = H_2O$.

Schwefelwasserstoff: $H_2S + O = H_2O + S$.

Zinnchlorür, Stannochlorid: $SnCl_2 + 2\,HCl + O = SnCl_4 + H_2O$.

Wir sehen, daß das Zinn aus der positiv zweiwertigen Form in die positiv vierwertige Form übergeht. Es muß also hierzu einem anderen Körper zwei positive Wertigkeiten entreißen. (Siehe Nachweis von Wismut und Quecksilber.)

Vom elektrochemischen Standpunkt aus kommen wir damit zu folgender Definition für die Oxydation und Reduktion: Die Oxydation ist die Aufnahme positiver Ladungen oder die Abgabe von negativen Ladungen, die Reduktion ist die Abgabe von positiven Ladungen oder die Aufnahme negativer Ladungen.

Die Spannungsreihe.

Legt man ein Eisenstück (z. B. einen Nagel) in eine Lösung von Kupfersulfat, so wird das Eisen dem Kupfer die Ladung entreißen, indem es das Kupfer in den ungeladenen, metallischen Zustand überführt und selbst als Ion in Lösung geht. Der eiserne Nagel wird sich mit Kupfer überziehen:

$$\mathbf{Fe + CuSO_4 = FeSO_4 + Cu.}$$

$$\mathbf{Fe + Cu\ddot{} = Fe\ddot{} + Cu.}$$

Ordnet man die Metalle in einer Reihe derart an, daß immer das vorangehende Element das folgende aus dem geladenen in den ungeladenen Zustand überführt, so gelangt man zu der sog. *Spannungsreihe:* K, Na, Ca, Mg, Al, Mn, Zn, Fe, Cd, Ni, Pb, Sn, H, Sb, As, Cu, Hg, Ag, Pt, Au.

Wir sehen, daß der Wasserstoff ebenfalls in der Spannungsreihe steht, und zwar etwa in der Mitte. Mit dieser Tatsache ist uns gesagt, welche Metalle durch Säuren (Wasserstoffionen) in Lösung gebracht werden können. Es müssen dies die Metalle sein, die in der Spannungsreihe vor dem Wasserstoff stehen. Von dieser wichtigen Tatsache macht man auch in dem Analysengang Gebrauch, um z. B. Antimon von Zinn zu trennen. Die Lösung, die Antimon und Zinn als Chloride enthält, wird mit einem Stück festen Zinks versetzt. Das Zink steht in der Spannungsreihe weit vor Antimon und Zinn. Es werden also Antimon und Zinn aus dieser Lösung als schwarze metallische Flocken gefällt, während das Zink in Lösung geht und gleichzeitig auch die Wasserstoffionen aus der Lösung entfernt, die als Wasserstoffatome bzw. Moleküle in Gasform aus der Flüssigkeit entweichen. Die beiden Metalle Antimon und Zinn lassen sich durch konz. Salzsäure trennen, denn das Zinn ist in konz. Salzsäure löslich, da es in der Spannungsreihe vor dem Wasserstoff steht. Das in Salzsäure nicht gelöste Antimon wird danach mit Hilfe von Salpetersäure in Lösung gebracht. Die Lösung des Antimons durch Salpetersäure beruht auf der oxydierenden Wirkung dieser Säure.

Die Edelmetalle stehen ganz am Ende der Reihe. Sie sind in dem elementaren Zustand sehr beharrungsfähig und können nur durch sehr starke Oxydationsmittel (Königswasser) in den geladenen Zustand überführt werden. Dasselbe gilt z. B. auch für das Auflösen von Cu in HNO_3. Durch die oxydierende Wirkung der HNO_3 entsteht CuO, das sich durch weitere HNO_3 in das Nitrat umwandelt: $3\,Cu + 2\,HNO_3 = 3\,CuO + 2\,NO + H_2O$; $CuO + 2\,HNO_3 = Cu(NO_3)_2 + 2\,H_2O$.

Die Hydrolyse.

Auf S. 5 zeigten wir, daß man bei unvollständigem Ersatz der Wasserstoffatome in einer Säure durch Metalle zu den sauren Salzen und bei vollständigem Ersatz zu den neutralen Salzen kommt. Dieser Begriff der Neutralität sagt aber nichts über die Reaktion eines solchen Salzes in wäßriger Lösung aus. Es reagiert zwar eine Lösung des neutralen Natriumsalzes der Schwefelsäure, Na_2SO_4 neutral, d. h. ändert die Farbe von Lackmuspapier nicht. Anders dagegen ist es bei dem „neutralen" Natrium-Karbonat, Na_2CO_3. Eine wäßrige Sodalösung reagiert stark alkalisch. Ebensowenig reagiert eine wäßrige Eisenchloridlösung neutral, sondern sauer. Zur Erklärung der Tatsache, daß sogen. Neutralsalze in wäßriger Lösung sauer oder alkalisch reagieren, müssen wir die außerordentlich geringe Dissoziation des Wassers heranziehen. Diese spielt nämlich bei den Salzen starker Säuren und schwacher Basen, schwacher Säuren und starker Basen und schwacher Säuren und schwacher Basen eine wichtige Rolle. Betrachten wir das erstgenannte Beispiel der Na_2CO_3-Lösung. Nach der Dissoziationstheorie sind hierbei Na- und CO_3-Ionen und die aus der Dissoziation des Wassers stammenden H- und OH-Ionen zu erwarten. Nun ist H_2CO_3 eine sehr schwache Säure, d. h. wenig dissoziiert, es müssen sich H- und CO_3-Ionen bei dem Zusammentreffen zu dem sehr wenig dissoziierten H_2CO_3 zusammenlegen. Es verschwinden also durch die sich bildenden H_2CO_3-Moleküle H-Ionen, die Lösung muß daher infolge des Überflusses an OH-Ionen alkalisch reagieren. Dieser Vorgang ist folgendermaßen zu formulieren:

$$Na_2CO_3 + 2\,H_2O = H_2CO_3 + 2\,NaOH$$

oder in Ionenform:

$$2\,Na^{\cdot} + CO_3'' + 2\,H^{\cdot} + 2\,OH' = H_2CO_3 + 2\,Na^{\cdot} + 2\,OH'.$$

Man nennt diesen Prozeß *Hydrolyse*. Ein anderes Beispiel ist eine wässerige Lösung von Eisenchlorid. In diesem Falle ist die zugehörige Base, $Fe(OH)_3$, sehr schwach, es werden also die Fe-Ionen mit den OH-Ionen des Wassers zu dem wenig dissoziierten $Fe(OH)_3$ zusammentreten. Die übriggebliebenen H-Ionen erteilen der Lösung eine saure Reaktion. Als letztes Beispiel sei das Aluminiumsulfid genannt: Aluminiumsulfid kann man sich entstanden denken als Salz der sehr schwachen Base $Al(OH)_3$ und der sehr schwachen Säure H_2S. Al_2S_3 wird daher in Wasser hydrolytisch zerfallen, und da das Aluminiumhydroxyd schwer löslich ist, so wird dieses als Niederschlag in Erscheinung treten. Daher fällt in der Schwefelammon-Gruppe (s. weiter unten) das Aluminium nicht als Sulfid, sondern als Hydroxyd.

Amphotere Verbindungen.

Eine Reihe von gewissen Hydroxyden ist im Überschuß der Lauge, mit der sie gefällt sind, wieder löslich. So geht z. B. Aluminiumhydroxyd durch einen Überschuß von Natronlauge als Natriumaluminat in Lösung, ebenso $Pb(OH)_2$ als Plumbit, $Sn(OH)_2$ als Stannit usw. Es handelt sich hierbei um sogenannte *amphotere* Körper, um Hydroxyde, die als sehr schwache Basen anzusehen sind, und die sich gegenüber einer starken Base wie eine sehr schwache Säure verhalten können. Im Überschuß der Lauge bilden sich dann die leicht löslichen Natriumsalze dieser schwachen Säuren. Damit nun diese Salze entstehen können, ist ein großer Überschuß von OH-Ionen erforderlich. Der Überschuß ist bei Anwendung von Natronlauge vorhanden, nicht dagegen bei einer schwächeren Base, wie z. B. Ammoniak. Man kann daher das durch Ammoniak gefällte Bleihydroxyd nicht durch einen Überschuß von Ammoniak wieder in Lösung bringen. Bei der schon erwähnten Säurebildung geht also das ehemals als Kation wirkende Metall in ein Säureanion über:

$$Al(OH)_3 + 3\,NaOH = Na_3AlO_3\ (Natriumaluminat) + 3\,H_2O,$$
$$Al^{\cdots} + 3\,OH' = 3\,H^{\cdot} + AlO_3''',\ \text{ferner}$$
$$Sn(OH)_2 + 2\,NaOH = Na_2SnO_2\ (Natriumstannit) + 2\,H_2O.$$
$$Sn^{\cdot\cdot} + 2\,OH' = SnO_2'' + 2\,H^{\cdot}.$$

Das sowohl durch Natronlauge als auch durch Ammoniak gefällte $Zn(OH)_2$ ist im Überschuß beider Fällungsmittel löslich. Im Natronlaugeüberschuß löst sich das Zinkhydroxyd unter Bildung des Natriumzinkats:

$$Zn(OH)_2 + 2\,NaOH = Na_2ZnO_2 + 2\,H_2O.$$
$$Zn^{\cdot\cdot} + 2\,OH' = 2\,H^{\cdot} + ZnO_2''.$$

Komplexverbindungen.

Daß sich das $Zn(OH)_2$ im Ammoniaküberschuß wieder auflöst, muß einen anderen Grund haben, denn nach dem, was wir eben besprochen haben, kann das schwach basische Ammoniak Zinkhydroxyd unter Bildung eines Anions ZnO_2'', d. h. als Zinkat, nicht auflösen. Die Lösung beruht darauf, daß sich ein neuer Typ von Verbindungen bildet, die sog. *Komplexverbindungen*. Die sich hier bildende hat die Formel: $[Zn(NH_3)_6](OH)_2$, Hexamminzinkhydroxyd: $Zn(OH)_2 + 6\,NH_3 = [Zn(NH_3)_6](OH_2)$. Wir sehen, daß das frühere Zn-Ion sich unter Aufnahme von $6\,NH_3$-Molekülen in das komplexe Ion $[Zn(NH_3)_6]$ verwandelt hat. Die Bindung dieser NH_3-Moleküle ist nicht mehr nach dem gewöhnlichen Valenzschema erklärlich, sie erfolgt durch sog. Nebenvalenzen. Die Zahl dieser Nebenvalenzen ist im vorliegenden Falle wie auch in vielen anderen Fällen 6. Wir kennen noch zwei andere bevorzugte Zahlen von Nebenvalenzen, nämlich 4 und 2, $[Cu(NH_3)_4]SO_4$, Cupritetramminsulfat, und $[Ag(NH_3)_2]Cl$, Silberdiamminchlorid. Die durch Nebenvalenzen gebundene Gruppe braucht nicht immer NH_3 zu sein. Auch Radikale, d. h. elektrisch geladene Atomgruppen, wie z. B. der Säurerest CN im $K_3[Fe(CN)_6]$, Kaliumferricyanid, oder die NO_2-Gruppe im $K_3[Co(NO_2)_6]$, Kaliumhexanitrokobaltiat, können in den Komplex eintreten. Der Komplex wird zur besseren Übersicht in eckige Klammern gesetzt. Die Zahlen, die angeben, wie viele Moleküle oder Radikale komplex gebunden werden können, heißen *Koordinationszahlen*. Das komplexe Ion kann je nach seiner Ladung als Kation oder Anion auftreten. Wir können dieses einfach nach dem Gesetz der Summation der elektrischen Ladungen berechnen. In dem Komplex $[Cu(NH_3)_4]^{\cdot\cdot}$ ist das NH_3 elektrisch neutral. Das komplexe Ion hat also nur die zwei positiven Ladungen des Cu, ist mithin ein zweiwertiges Kation. Anders liegt es, wenn die komplex gebundene Gruppe selbst eine elektrische Ladung besitzt, also ein Radikal ist. So ist die Gruppe CN negativ einwertig geladen, es besitzen die 6 CN-Gruppen also sechs negative Ladungen. Treten diese mit einem zwei- oder dreifach positiv geladenen Eisen zu dem Ferro- oder Ferrizyanion zusammen, so muß das Ferrozyanion vierfach negativ, das Ferrizyanion dreifach negativ geladen sein, da bei dem Ferrozyanion von den sechs negativen Wertigkeiten zwei durch das positiv geladene Fe abgesättigt werden, so daß ein Überschuß von vier negativen, beim Ferrizyanion ein Überschuß von drei negativen Wertigkeiten besteht.

Die Komplexsalze zeigen eine verschiedene Beständigkeit. So werden die NH_3-haltigen Komplexe durch Säuren sehr leicht zerstört, weil sich das NH_3 mit der Säure zu dem Ammoniumsalz umsetzt. Dagegen sind die Zyankomplexe des gelben und roten Blutlaugensalzes verhältnismäßig sehr beständig. Die komplexen Ionen haben andere Eigenschaften als ihre einzelnen Bestandteile. So ist das Ag-Ion durch Cl-Ionen unter Bildung von AgCl fällbar. Das $[Ag(NH_3)_2]$-Ion bildet dagegen ein in Wasser lösliches Chlorid. Es muß daher der Nachweis des Ag stets in saurer Lösung vorgenommen werden und nicht in ammoniakalischer. In dem Komplex der Ferro- oder Ferrizyanide ist die außerordentliche Giftigkeit des Zyans praktisch verschwunden.

Doppelsalze.

Von den Komplexsalzen zu trennen sind die *Doppelsalze*. Hier handelt es sich auch um Moleküle, die durch Nebenvalenzen miteinander verbunden sind, wie z. B. im Alaun, $K_2SO_4 \cdot Al_2(SO_4)_3 \cdot 24\,H_2O$. Zum Unterschied von den Komplexsalzen gibt aber eine wässerige Lösung eines Doppelsalzes alle die Reaktionen der einzelnen Bestandteile wieder, die das Salz zusammensetzen. So erhält man mit einer Lösung des genannten Alauns alle Reaktionen auf K, Al und SO_4. Neben dem eben angeführten Alaun sei als Doppelsalz noch angeführt $FeSO_4 \cdot (NH_4)_2SO_4 \cdot 6\,H_2O$ (Mohrsches Salz), das Ferro-Ammoniumsulfat. Dieses stellt ein recht beständiges Ferrosalz dar im Gegensatz zu den anderen Ferrosalzen, die in wässeriger Lösung durch den Sauerstoff der Luft sehr leicht zu Ferrisalzen oxydiert werden.

III. Die $(NH_4)_2S$-Gruppe (Co, Ni, Fe, Mn, Al, Cr, Zn).

In einer ammoniakalischen Lösung geben diese Metalle mit Schwefelammonium Niederschläge, die bei Co, Ni, Fe, Mn und Zn aus den Sulfiden dieser Metalle bestehen, bei Al und Cr aus den Hydroxyden.

Cobalt, Co.

Kobalt tritt zwei- und dreiwertig auf.

Eine Lösung von $Co(NO_3)_2$ gibt

1. mit $(NH_4)_2S$ einen schwarzen Niederschlag von CoS, der in verdünnter HCl unlöslich, in heißer konz. HNO_3 löslich ist.

$$Co(NO_3)_2 + (NH_4)_2S = CoS + 2\,NH_4NO_3;$$

2. mit KNO_2 und Essigsäure, CH_3COOH, einen gelben Niederschlag von $K_3[Co(NO_2)_6]$, Kaliumhexanitrokobaltiat, der allmählich entsteht.

$$Co(NO_3)_2 + 7 KNO_2 + 2 CH_3COOH = K_3[Co(NO_2)_6] + 2 KNO_3$$
$$+ 2 CH_3COOK + H_2O + NO.$$

3. Mit NaOH versetzt, einen Niederschlag von blauem $Co(OH)_2$, der allmählich rötlich wird. Als Zwischenstufe entsteht ein blaues basisches Nitrat $Co(OH)NO_3$.

$$Co(NO_3)_2 + NaOH = \mathbf{Co(OH)NO_3} + NaNO_3,$$
$$Co(OH)NO_3 + NaOH = \mathbf{Co(OH)_2} + NaNO_3.$$

Nimmt man zum Alkalisieren nicht NaOH, sondern NH_4OH, so fällt zunächst das blaue $Co(OH)NO_3$ aus, das bei weiterem Zufügen von NH_4OH als ein komplexes Kobalti-Hexammin-Hydroxyd in Lösung geht.

$$2 Co(OH)NO_3 + 14 NH_4OH + O = 2[Co(NH_3)_6](OH)_3 + 11 H_2O + 2 NH_4NO_3.$$

4. *Phosphorsalzperle:*

Beim Erhitzen von NH_4NaHPO_4, saurem Ammonium-natrium-orthophosphat, am Magnesiastäbchen bildet sich $NaPO_3$ unter Entweichen von NH_3 und H_2O: $NH_4NaHPO_4 = NaPO_3 + NH_3 + H_2O$. Das $NaPO_3$, Natriummetaphosphat, nimmt Kobaltoxyd, CoO, das sich beim Glühen der Kobaltverbindung bildet, in der Hitze des Brenners unter Bildung von $NaCoPO_4$ auf: $NaPO_3 + CoO = NaCoPO_4$. Diese Verbindung ist intensiv blau gefärbt. Die Ausführung dieser Reaktion ist auf S. 44 beschrieben.

Nickel, Ni.

Nickel tritt zwei- und dreiwertig auf.

Eine Lösung von $Ni(NO_3)_2$ gibt

1. mit $(NH_4)_2S$ einen schwarzen Niederschlag von NiS, der in verdünnter HCl unlöslich, in heißer konz. HNO_3 löslich ist.

$$Ni(NO_3)_2 + (NH_4)_2S = \mathbf{NiS} + 2 NH_4NO_3$$

oder
$$Ni^{\cdot\cdot} + S'' = \mathbf{NiS};$$

2. In essigsaurer oder ammoniakalischer Lösung mit dem Tschugaeffschen Nickelreagenz einen roten voluminösen Niederschlag (evtl. erwärmen). Das Nickelreagenz ist eine alkoholische Lösung von Dimethylglyoxim und hat die Formel:

$$OH \cdot N : C \cdot C : N \cdot OH;$$
$$CH_3 \quad CH_3$$

3. mit NaOH einen apfelgrünen Niederschlag von $Ni(OH)_2$, Nickelohydroxyd, das durch Oxydationsmittel (am besten Bromwasser, nicht H_2O_2) zu schwarzem $Ni(OH)_3$, Nickelihydroxyd, oxydiert wird.

$$Ni(NO_3)_2 + 2 NaOH = \mathbf{Ni(OH)_2} + 2 NaNO_3$$

oder
$$Ni^{\cdot\cdot} + 2 OH' = \mathbf{Ni(OH)_2},$$
$$2 Ni(OH)_2 + O + H_2O = \mathbf{2 Ni(OH)_3}.$$

4. bei Zufügen von NH$_4$OH zunächst einen grünen Niederschlag von basischem Nitrat, der im Überschuß des Fällungsmittels sich unter Komplexsalzbildung als Nickelo-Hexammin-Hydroxyd auflöst:

$$Ni(OH)NO_3 + 7\,NH_4OH = [Ni(NH_3)_6](OH)_2 + NH_4NO_3 + 6\,H_2O.$$

Eisen, Fe.

Eisen bildet die zweiwertigen Ferro- und die dreiwertigen Ferriverbindungen.

Zweiwertiges Eisen:

Eine FeSO$_4$-Lösung gibt

1. mit (NH$_4$)$_2$S versetzt, einen schwarzen Niederschlag von FeS, der in Säuren löslich ist.

$$FeSO_4 + (NH_4)_2S = \mathbf{FeS} + (NH_4)_2SO_4 .$$

$$Fe\ddot{} + S'' = \mathbf{FeS};$$

2. mit NaOH einen weißen Niederschlag von Fe(OH)$_2$, der durch den Luftsauerstoff zu rotbraunem Fe(OH)$_3$ oxydiert wird. Dieselbe Reaktion gibt NH$_4$OH.

3. mit K$_3$[Fe(CN)$_6$], rotem Blutlaugensalz, Kaliumferricyanid, einen blauen Niederschlag von Turnbullsblau, Ferroferricyanid, der in Säuren unlöslich ist.

$$3\,FeSO_4 + 2\,K_3[Fe(CN)_6] = \mathbf{Fe_3[Fe(CN)_6]_2} + 3\,K_2SO_4 .$$

Dreiwertiges Eisen:

Eine FeCl$_3$-Lösung gibt

1. mit (NH$_4$)$_2$S einen schwarzen Niederschlag von Fe$_2$S$_3$, der in Säuren löslich ist;

$$2\,FeCl_3 + 3\,(NH_4)_2S = \mathbf{Fe_2S_3} + 6\,NH_4Cl;$$

2. mit NaOH und NH$_4$OH einen rotbraunen Niederschlag von Fe(OH)$_3$.

$$FeCl_3 + 3\,NaOH = \mathbf{Fe(OH)_3} + 3\,NaCl$$

oder
$$Fe\cdots + 3\,OH' = \mathbf{Fe(OH)_3};$$

3. mit K$_4$[Fe(CN)$_6$], gelbem Blutlaugensalz, Kaliumferrocyanid, einen blauen Niederschlag von Berlinerblau, Ferriferrocyanid, der in verdünnten Säuren unlöslich, in konz. Säuren löslich ist;

$$4\,FeCl_3 + 3\,K_4[Fe(CN)_6] = \mathbf{Fe_4[Fe(CN)_6]_3} + 12\,KCl;$$

4. mit Ammonium-Rhodanid, NH$_4$SCN, eine blutrote Färbung durch Fe(SCN)$_3$, Ferrirhodanid:

$$FeCl_3 + 3\,NH_4SCN = Fe(SCN)_3 + 3\,NH_4Cl.$$

Mangan, Mn.

Das Mangan tritt in zwei-, drei-, vier-, sechs- und siebenwertigem Zustand auf. Die zweiwertigen Mangansalze werden Manganosalze genannt, z. B. MnSO$_4$, Manganosulfat, die dreiwertigen Verbindungen erhalten die Endung i, z. B. Mn_2O_3, Manganioxyd. Vom vierwertigen Mangan leitet sich das MnO_2, Braunstein, ab. Die Manganate enthalten das sechswertige Mn mit dem Anhydrid MnO_3 und die Permanganate mit dem Anhydrid Mn_2O_7 das siebenwertige Element.

Eine Lösung von $MnSO_4$ gibt

1. mit $(NH_4)_2S$ einen fleischfarbenen Niederschlag von MnS, der in Säuren löslich ist.

$$MnSO_4 + (NH_4)_2S = MnS + (NH_4)_2SO_4 \, .$$

$$Mn^{\cdot\cdot} + S'' = MnS;$$

2. mit NaOH einen weißen Niederschlag von $Mn(OH)_2$, der an der Luft braun wird und unter Oxydation in Hydroxyde höherer Wertigkeitsstufen übergeht.

3. Oxydationsmittel führen zweiwertiges Mangan in höherwertige Manganverbindungen über, die charakteristisch gefärbt sind. So kann man in einer Lösung von $MnSO_4$ durch Zusatz von PbO_2, Bleidioxyd, und konz. HNO_3 zweiwertiges Mangan zu siebenwertigem, violett gefärbtem MnO_4' oxydieren.

$$2\,MnSO_4 + 5\,PbO_2 + 6\,HNO_3 = 2\,HMnO_4 + 2\,PbSO_4 + 3\,Pb(NO_3)_2 + 2\,H_2O \, .$$

Man muß die Lösung kochen, damit die Reaktion abläuft, und erkennt die durch das $HMnO_4$ eingetretene Violettfärbung nach Absetzenlassen des dunkelgefärbten PbO_2.

In alkalischem Milieu geht die Oxydation nur bis zum sechswertigen Mangan. *Oxydationsschmelze:* Man bringt an ein Magnesiastäbchen eine geringe Menge der auf Mn zu untersuchenden Substanz und taucht das Stäbchen in eine Mischung von festem $NaNO_3$ und Na_2CO_3. In der Hitze des Bunsenbrenners zersetzt sich das Nitrat unter Bildung von Natriumnitrit, $NaNO_2$ und O. Dieser führt das Mn in seinen sechswertigen Zustand über, das in dem karbonathaltigen Milieu sich zu dem grünen Natriummanganat, Na_2MnO_4, umsetzt.

Vierwertiges Mangan:

Braunstein, MnO_2: Fester Braunstein, mit HCl im Reagenzglas erhitzt, gibt eine heftige Entwicklung von Cl-Gas.

$$MnO_2 + 4\,HCl = MnCl_2 + Cl_2 + 2\,H_2O \, .$$

Die Verbindungen des siebenwertigen Mn lassen sich unter sehr charakteristischer Änderung ihrer Farbe reduzieren. Da die Permanganate stark violett gefärbt sind, so gibt sich die Reduktion dieser Verbindungen durch das Verschwinden der violetten Farbe außerordentlich deutlich zu erkennen, da das zweiwertige Mn-Ion nur sehr schwach rosa gefärbt ist. Diesen charakteristischen Farbumschlag benutzt man vielfach zur quantitativen Bestimmung von reduzierenden Substanzen (Manganometrie).

1. Eine KMnO$_4$-Lösung wird durch H$_2$O$_2$, Wasserstoffsuperoxyd, unter Zusatz von verdünnter H$_2$SO$_4$ und mäßigem Erwärmen entfärbt.

$$2\,KMnO_4 + 5\,H_2O_2 + 3\,H_2SO_4 = 2\,MnSO_4 + K_2SO_4 + 5\,O_2 + 8\,H_2O.$$

Hierbei wirkt das H$_2$O$_2$ als Reduktionsmittel: H$_2$O$_2$ = H$_2$ + O$_2$.

2. Oxalsäurelösung, (COOH)$_2$, entfärbt beim Erwärmen ebenfalls die mit Schwefelsäure angesäuerte Lösung von KMnO$_4$.

$$2\,KMnO_4 + 5\,(COOH)_2 + 3\,H_2SO_4 = 2\,MnSO_4 + K_2SO_4 + 10\,CO_2 + 8\,H_2O.$$

Chrom, Cr.

Chrom tritt in zwei-, drei-, sechs- und siebenwertigem Zustand auf. Das zweiwertige Cr bildet die unbeständigen Chromosalze, die leicht in die grün oder violett gefärbten beständigen Chromisalze übergehen. Sechswertig ist das Chrom in den Chromaten, hier fungiert das Chrom als Anionenbildner, das Anhydrid ist CrO$_3$. Die Chromate sind gelb gefärbt. Vom siebenwertigen Chrom leitet sich die sehr unbeständige tiefblaue Überchromsäure ab.

Eine Lösung von CrCl$_3$ gibt mit

1. (NH$_4$)$_2$S einen grünen Niederschlag von Cr(OH)$_3$:

$$2\,CrCl_3 + 3\,(NH_4)_2S = Cr_2S_3 + 6\,NH_4Cl,$$
$$Cr_2S_3 + 6\,H_2O = 2\,Cr(OH)_3 + 3\,H_2S.$$

Das sich intermediär bildende Chromisulfid zerfällt hydrolytisch in Chromihydroxyd und H$_2$S (vgl. auch S. 20).

Durch Oxydationsmittel werden Chromiverbindungen in sechs- und siebenwertiges Chrom überführt.

2. Oxydationsschmelze (Ausführung s. bei Mn). Es bildet sich durch den Sauerstoff des zerfallenden Nitrats das gelb gefärbte Na$_2$CrO$_4$.

Reaktionen des sechswertigen Chroms.

Es bildet zwei Reihen von Salzen, die sich von dem gemeinsamen Anhydrid CrO$_3$ ableiten, die Chromate und die Bichromate von der Formel Na$_2$CrO$_4$ und Na$_2$Cr$_2$O$_7$.

Eine Lösung von Kaliumchromat oder -bichromat gibt

1. mit (NH$_4$)$_2$S einen grünen Niederschlag von Cr(OH)$_3$.

$$2\,CrO_3 + 6\,H_2O + 3\,(NH_4)_2S = 2\,Cr(OH)_3 + 3\,S + 6\,NH_4OH;$$

2. mit BaCl$_2$ oder Pb(NO$_3$)$_2$ gelbe Niederschläge von BaCrO$_4$ bzw. PbCrO$_4$, die in Essigsäure unlöslich, in starken Säuren löslich sind.

$$K_2CrO_4 + BaCl_2 = BaCrO_4 + 2\,KCl \quad bzw.$$
$$K_2Cr_2O_7 + 2\,BaCl_2 + H_2O = 2\,BaCrO_4 + 2\,HCl + 2\,KCl$$

oder in Ionenform:

$$Ba^{\cdot\cdot} + CrO_4'' = BaCrO_4 \quad bzw. \quad 2\,Ba^{\cdot\cdot} + Cr_2O_7'' + H_2O = 2\,BaCrO_4 + 2\,H^{\cdot};$$

3. mit H$_2$O$_2$ eine unbeständige Blaufärbung, die auf Bildung von Überchromsäure beruht, deren Konstitution nicht sicher gestellt ist:

$$H_2Cr_2O_7 + 7\,H_2O_2 = 2\,H_3CrO_8 + 5\,H_2O.$$

Man führt die Reaktion so aus, daß man eine wässerige Lösung eines Chromats mit H_2SO_4 ansäuert, mit Äther überschichtet und nach Zusatz von H_2O_2 umschüttelt. Die entstehende Überchromsäure färbt den Äther tiefblau, da die Färbung in Äther beständiger als in Wasser ist. Die wässerige Lösung wird schnell grün unter Bildung von Chromisulfat.

$$2\,H_3CrO_8 + 3\,H_2SO_4 = Cr_2(SO_4)_3 + 6\,H_2O + 5\,O_2.$$

Aluminium, Al.

Aluminium tritt nur dreiwertig auf.

Eine Lösung von $Al_2(SO_4)_3$ gibt

1. mit $(NH_4)_2S$ einen weißen Niederschlag von $Al(OH)_3$, das durch Hydrolyse aus dem intermediär gebildeten Sulfid entsteht:

$$Al_2(SO_4)_3 + 3\,(NH_4)_2S = Al_2S_3 + 3\,(NH_4)_2SO_4,$$
$$Al_2S_3 + 6\,H_2O = \mathbf{2\,Al(OH)_3} + 3\,H_2S;$$

2. mit NaOH zunächst einen weißen Niederschlag von $Al(OH)_3$, der sich auf weiteren Zusatz von NaOH unter Bildung von Natrium-Aluminat wieder auflöst.

$$Al_2(SO_4)_3 + 6\,NaOH = \mathbf{2\,Al(OH)_3} + 3\,Na_2SO_4,$$
$$Al(OH)_3 + 3\,NaOH = Na_3AlO_3 + 3\,H_2O.$$

Die Ionengleichung lautet folgendermaßen:

$$Al^{\cdots} + 3\,OH' = \mathbf{Al(OH)_3},$$
$$\mathbf{Al(OH)_3} + 3\,OH' = AlO_3''' + 3\,H_2O.$$

Ammoniak erzeugt ebenfalls einen Niederschlag von $Al(OH)_3$, der aber im Gegensatz zum $Zn(OH)_2$ im Überschuß des Fällungsmittels nicht löslich ist.

$$Al_2(SO_4)_3 + 6\,NH_4OH = \mathbf{2\,Al(OH)_3} + 3\,(NH_4)_2SO_4$$

oder auch

$$Al^{\cdots} + 3\,OH' = \mathbf{Al(OH)_3}.$$

Aus der Natrium-Aluminatlösung, die NaOH-alkalisch ist, läßt sich durch Zusatz von festem NH_4Cl das $Al(OH)_3$ vollkommen wieder ausfällen dadurch, daß man die stark alkalische Reaktion des NaOH in die schwach alkalische des NH_4OH überführt (s. S. 10).

3. beim Glühen mit einem Tropfen einer sehr verdünnten $Co(NO_3)_2$-Lösung am Magnesiastäbchen eine blaue Asche, das Thénards-blau, Kobalto-Aluminat, $Co(AlO_2)_2$, $Co\!\!\begin{array}{l}{}^{O-Al\,=\,O}\\{}_{O-Al\,=\,O}\end{array}$. Ausführung: Ein Filtrierpapierstreifen wird mit der auf Al zu untersuchenden Lösung getränkt, mit einem Tropfen einer sehr stark verdünnten Kobalt-Nitratlösung befeuchtet und an einem Magnesiastäbchen befestigt. Der Papierstreifen wird zunächst vorsichtig in der Bunsenflamme getrocknet, dann verbrannt und die Asche geglüht. Nach dem Erkalten hinterbleibt das Thénardsblau als ein blauer Saum an der Papierasche.

Zink, Zn.

Das Zink ist zweiwertig.

Eine Lösung von ZnSO$_4$ gibt mit

1. (NH$_4$)$_2$S einen weißen Niederschlag von ZnS, der in Essigsäure unlöslich, in starken Säuren löslich ist.

$$ZnSO_4 + (NH_4)_2S = \mathbf{ZnS} + (NH_4)_2SO_4,$$
$$Zn\cdot\cdot + S'' = \mathbf{ZnS};$$

2. NaOH zunächst einen weißen Niederschlag von Zn(OH)$_2$, der bei weiterem Zusatz von NaOH als Zinkat in Lösung geht.

$$ZnSO_4 + 2\,NaOH = \mathbf{Zn(OH)_2} + Na_2SO_4,$$
$$Zn\cdot\cdot + 2\,OH' = \mathbf{Zn(OH)_2},$$
$$\mathbf{Zn(OH)_2} + 2\,NaOH = Na_2ZnO_2 + 2\,H_2O,$$
$$\mathbf{Zn(OH)_2} + 2\,OH' = ZnO_2'' + 2\,H_2O;$$

3. Ammoniak eine Fällung von weißem Zn(OH)$_2$, bei weiterem Zusatz von Ammoniak erfolgt eine Auflösung unter Bildung des komplexen Hexammin-Zink-Hydroxyds.

$$Zn(OH)_2 + 6\,NH_4OH = [Zn(NH_3)_6](OH)_2 + 6\,H_2O;$$

4. Kalium-Ferro-Zyanid, K$_4$[Fe(CN)$_6$], in salzsaurer Lösung einen weißen Niederschlag von K$_2$Zn$_3$[Fe(CN)$_6$]$_2$, Zink-Kalium-Ferro-Zyanid:

$$3\,ZnSO_4 + 2\,K_4[Fe(CN)_6] = \mathbf{K_2Zn_3[Fe(CN)_6]_2} + 3\,K_2SO_4.$$

Die Trennung der Metalle der Ammon-Sulfid-Gruppe würde folgendermaßen auszuführen sein: Da die Sulfide von Ni und Co in verdünnter HCl (bis zu 7 %) unlöslich sind, so hat man aus dem Sulfidgemisch bereits die Sulfide von Ni und Co entfernt, wenn man das Gemisch mit verdünnter HCl behandelt. Das Filtrat kann nur noch Fe, Mn, Cr, Al, Zn als Chloride enthalten. Man fällt Fe und Mn aus dieser Lösung als Hydroxyde, indem man die Lösung mit NaOH alkalisch macht und mit H$_2$O$_2$ versetzt. Cr, Al und Zn gehen dabei als Chromat, Aluminat und Zinkat in Lösung. In dieser Lösung lassen sich die drei Metalle nebeneinander ohne weitere Trennung nachweisen.

Molarität und Normalität.

Die Gleichungen, die wir für chemische Prozesse aufstellen, geben uns nicht nur Aufschluß, welche Verbindungen miteinander reagieren, sondern sie unterrichten uns auch noch, welche Mengen von jedem Stoff bei der Umsetzung beteiligt sind. Ein Beispiel mag dies erläutern: Zink entwickelt, mit Schwefelsäure übergossen, Wasserstoffgas unter Bildung von Zinksulfat. Dieser Prozeß gehorcht der Gleichung: Zn + H$_2$SO$_4$ = H$_2$ + ZnSO$_4$. Führen wir in diese Gleichung die Atom- bzw. Molekulargewichte der Reaktionsteilnehmer ein, so kommen wir zu folgender Beziehung: 65 g Zn + 98 g H$_2$SO$_4$ = 2 g H$_2$ + 161 g ZnSO$_4$. Die Gleichung sagt nun noch mehr aus, nämlich, daß Zn und H$_2$SO$_4$ im Verhältnis ihrer Atom- bzw. Molekulargewichte vorhanden sein müssen, damit sie restlos miteinander reagieren können. Wir sind so imstande auszurechnen, wieviel Schwefelsäure wir beispielsweise gebrauchen müßten, um eine gegebene Zinkmenge vollkommen in ihr auflösen zu können, oder wieviel Gramm Wasserstoffgas aus einer Schwefelsäuremenge zu entwickeln sind (Stöchiometrie).

Betrachten wir unter solchen stöchiometrischen Gesichtspunkten den Neutralisationsvorgang, z. B. bei der Einwirkung von Natronlauge auf Salzsäure, so sehen wir, daß auf Grund der Molekulargewichte beider Stoffe auf je 40 g NaOH 36,5 g HCl kommen. Denn die Gleichung für diesen Prozeß lautet: $NaOH + HCl = NaCl + H_2O$. Vermischt man also gleiche Volumina einer NaOH-Lösung, die 40 g NaOH in 1 l gelöst enthält, mit einer HCl-Lösung, die 36,5 g HCl im Liter gelöst enthält, miteinander, so erhält man eine Natrium-Chlorid-Lösung ohne den geringsten Überschuß an HCl oder NaOH. Wir nennen nun ganz allgemein solche Lösungen, die in 1 l das in Grammen ausgedrückte Molekulargewicht, d. h. ein *Mol*, einer Verbindung gelöst enthalten, *molare Lösungen*. Gleiche Volumina molarer Lösungen enthalten die gleiche Anzahl von Molekülen des gelösten Stoffes. Lösungen gleicher Molarität nennt man äquimolare Lösungen.

Nicht in allen Fällen reagieren gleiche Volumina molarer Lösungen von Säuren und Basen restlos miteinander, wie z. B. bei der Neutralisation einer molaren Natronlaugelösung durch eine molare Schwefelsäurelösung. Wir werden dann feststellen, daß wir zur Neutralisation z. B. eines Liters molarer Schwefelsäure 2 Liter molarer Natronlauge gebrauchen, denn nach der Gleichung: $2\,NaOH + H_2SO_4 = Na_2SO_4 + H_2O$ kommen auf je ein H_2SO_4-Molekül zwei Moleküle NaOH. Man hat daher zur Vereinfachung den Begriff der *Normalität* eingeführt und definiert normale Lösungen als solche Lösungen eines Körpers in 1 Liter Wasser, die 1 g Wasserstoff oder die einem Gramm Wasserstoff äquivalente Menge eines Körpers (wie z. B. 8 g Sauerstoff, 17 g Hydroxyl, 23 g Natrium, 9 g Aluminium usw.) gelöst enthalten. Eine molare Schwefelsäurelösung enthält in 1 Liter Wasser 2 g Wasserstoff, sie ist doppelt normal. Um eine normale Schwefelsäurelösung herzustellen, muß man eine halbmolare Lösung bereiten, also $98 : 2 = 49$ g H_2SO_4 in 1 Liter Wasser auflösen. Würde man ferner eine normale Phosphorsäurelösung herstellen wollen, so müßte man den dritten Teil des Molekulargewichts der Phosphorsäure, in Grammen ausgedrückt, in 1 Liter Wasser auflösen, da Phosphorsäure eine dreibasische Säure ist. Eine molare Barytlauge ist doppelt normal, weil $Ba(OH)_2$ zwei OH-Gruppen abdissoziieren kann. Es sind nämlich einem Gramm Wasserstoff 17 g OH äquivalent; eine normale Lösung einer Lauge muß infolgedessen 17 g OH in 1 Liter Wasser enthalten. Schließlich sei noch das Aluminiumchlorid, $AlCl_3$, angeführt. Wollte man hiervon eine normale Lösung herstellen, so müßte man den dritten Teil des Molekulargewichts des Aluminiumchlorids, in Grammen ausgedrückt, in 1 Liter Wasser auflösen, da das Aluminium dreiwertig ist, mithin drei Wasserstoffatome einem Aluminiumatom äquivalent sind.

Etwas komplizierter werden die Verhältnisse, wenn ein Körper in verschiedener Weise reagieren kann. Betrachtet man z. B. die Salpetersäure, zunächst in bezug auf ihren Wasserstoffgehalt (Azidität), so wäre eine molare Salpetersäurelösung gleichzeitig eine sog. aziditätsnormale Lösung derselben. Wenden wir sie aber als Oxydationsmittel an, so sind je 2 Moleküle Salpetersäure imstande, drei Atome Sauerstoff abzugeben (s. S. 18). Nun sind einem Gramm Wasserstoff 8 g Sauerstoff äquivalent, d. h., betrachtet man die Salpetersäure in bezug auf ihre oxydierende Wirkung, so muß man zur Herstellung einer sogenannten *oxydationsnormalen* Salpetersäurelösung eine $^1/_3$ molare Salpetersäurelösung bereiten. Es geben nämlich zwei Moleküle Salpetersäure drei Atome Sauerstoff ab, d. h. $3 \cdot 16 = 48$ g. Ein Mol HNO_3 wird 24 g Sauerstoff abgeben. Da aber eine oxydationsnormale Lösung nur 8 g Sauerstoff pro 1 Liter bei der Oxydation abgeben darf, so müssen wir eine $^1/_3$ molare Salpetersäurelösung herstellen. Für die Reduktion gilt das entsprechende. Eine *reduktionsnormale* Lösung ist eine solche Lösung eines Stoffes, die in einem Liter 8 g Sauerstoff aufzunehmen vermag.

Erdalkalien (Ca, Sr und Ba).

Diese Metalle sind immer zweiwertig. Sie bilden schwer lösliche Karbonate, Hydroxyde, Phosphate, Oxalate und Sulfate. Zur Abtrennung in der Analyse benutzt man die Fällung als Karbonate mittels Ammoniumkarbonats (Ammoniumkarbonatgruppe). Die Salze der Erdalkalien sind, sofern das Anion ungefärbt ist, in Lösung alle farblos.

Barium, Ba.

Eine Lösung von $BaCl_2$ gibt mit

1. Ammoniumkarbonat einen weißen Niederschlag von $BaCO_3$, der in starken und schwachen Säuren löslich ist.

$$BaCl_2 + (NH_4)_2CO_3 = \mathbf{BaCO_3} + 2\,NH_4Cl;$$

2. SO_4'' einen weißen Niederschlag von $BaSO_4$, der in allen Lösungsmitteln unlöslich ist.

$$BaCl_2 + H_2SO_4 = \mathbf{BaSO_4} + 2\,HCl,$$
$$Ba\cdot\cdot + SO_4'' = \mathbf{BaSO_4}.$$

Der gleiche Niederschlag ist also auch mit Gipswasser, d. h. einer Lösung von $CaSO_4$ in Wasser, zu erhalten (wichtig für die Trennung von Ba, Sr und Ca!);

3. Kaliumchromat oder -bichromat, K_2CrO_4 bzw. $K_2Cr_2O_7$, einen gelben Niederschlag, der in Essigsäure unlöslich, in stärkeren Säuren löslich ist. Der N. ist in NaOH unlöslich, Unterschied von $PbCrO_4$.

$$K_2CrO_4 + BaCl_2 = \mathbf{BaCrO_4} + 2\,KCl,$$
$$K_2Cr_2O_7 + 2\,BaCl_2 + H_2O = \mathbf{2\,BaCrO_4} + 2\,KCl + 2\,HCl;$$

4. Ammoniumoxalat, $(NH_4)_2(COO)_2$, einen weißen Niederschlag von Bariumoxalat, $Ba(COO)_2$, das in Essigsäure unlöslich, in verdünnten Mineralsäuren löslich ist.

$$BaCl_2 + (NH_4)_2(COO)_2 = Ba(COO)_2 + 2\,NH_4Cl.$$

Ba gibt eine charakteristische grüne Flammenfärbung. Da die Bariumsalze mit Ausnahme des Chlorids schwer flüchtig sind, so muß man durch Glühen der Verbindung am Magnesiastäbchen das Oxyd herstellen und durch Befeuchten mit konz. HCl in das Chlorid überführen, das leicht flüchtig ist und der Flamme die Färbung erteilt. Eine etwas andere Methode, die bei Vorliegen von Erdalkalisulfaten nötig wird, s. S. 53.

Strontium, Sr.

Eine Lösung von $Sr(NO_3)_2$ gibt mit

1. $(NH_4)_2CO_3$ einen weißen Niederschlag von $SrCO_3$, der in starken und in schwachen Säuren löslich ist.

$$Sr(NO_3)_2 + (NH_4)_2Co_3 = SrCO_3 + 2\,NH_4NO_3.$$
$$Sr^{\cdot\cdot} + CO_3'' = SrCO_3;$$

2. SO_4'' einen weißen Niederschlag von $SrSO_4$. Bei Anstellung dieses Versuchs mit Gipswasser muß man die Flüssigkeit erhitzen.

$$Sr(NO_3)_2 + H_2SO_4 = SrSO_4 + 2\,HNO_3.$$
$$Sr^{\cdot\cdot} + SO_4'' = SrSO_4.$$

Der Niederschlag ist in verdünnten Mineralsäuren unlöslich.

3. Ammoniumoxalat, $(NH_4)_2(COO)_2$, einen weißen Niederschlag von $Sr(COO)_2$, der in Essigsäure unlöslich, in stärkeren Säuren löslich ist.

4. Kaliumchromat, K_2CrO_4, eine Fällung von $SrCrO_4$ nur aus konz. Lösungen von Strontiumsalzen. Der Niederschlag ist gelb gefärbt.

Die Flammenfärbung durch Strontium ist leuchtend rot. Ausführung siehe Barium.

Calcium, Ca.

Eine Lösung von $CaCl_2$ gibt mit

1. $(NH_4)_2CO_3$ einen weißen Niederschlag von $CaCO_3$;

2. SO_4'' einen weißen Niederschlag von $CaSO_4$, löslich in konz. $(NH_4)_2SO_4$-Lösung.

3. Ammoniumoxalat einen weißen Niederschlag von $Ca(COO)_2$, der in Essigsäure unlöslich ist.

Die Flammenfärbung durch Calcium ist ziegelrot.

Die Fällung der Erdalkalien als Karbonate mit Ammoniumkarbonat muß in der Siedehitze geschehen, wodurch die gefällten Karbonate grobkörniger werden.

Das $CaSO_4$ ist in Wasser nicht ganz unlöslich. Man stellt sich Gipswasser, d. h. eine wässerige Lösung von $CaSO_4$, Gips, her, indem man festes Calciumsulfat in H_2O längere Zeit kocht und dann die Flüssigkeit durch Filtration vom ungelösten $CaSO_4$ befreit. Eine wässerige Lösung von $CaSO_4$ heißt Gipswasser. Gipswasser kann Ba und Sr als Sulfate fällen, da die Sulfate von Ba und Sr schwerer löslich sind als $CaSO_4$. Ganz analog verhält es sich auch mit der Löslichkeit der Chromate. $BaCrO_4$ ist von den Chromaten der Erdalkalien das schwerstlösliche, $SrCrO_4$ ist schon so leicht löslich, daß es nur aus konz. Lösungen fällt, Ca ist als Chromat überhaupt nicht mehr fällbar. Umgekehrt verläuft die Löslichkeit der Oxalate. Das Ca-Oxalat ist das schwerstlösliche, Bariumoxalat ist am leichtesten löslich, in der Mitte steht Strontiumoxalat. Ebenso verhält es sich mit der Löslichkeit der Hydroxyde.

Aus diesen Löslichkeitsverhältnissen ergibt sich eine Methode zur Trennung der Erdalkalien voneinander. Das Karbonatgemisch der Erdalkalien wird in Essigsäure gelöst, das Ba als Chromat gefällt, in dem Filtrat Sr mit Ammonsulfat entfernt und im Filtrat davon das Ca als Oxalat nachgewiesen, da Ca durch einen Überschuß von Ammoniumsulfat nicht vollständig gefällt wird.

Magnesium und Alkalien.

Das Magnesium gehört dem periodischen System nach nicht zu den Alkalien, wird jedoch mit den Alkalien zusammen im Analysengang nachgewiesen.

Magnesium, Mg.

Das Magnesium tritt nur in zweiwertigem Zustand auf.

Eine Lösung von $MgCl_2$ gibt mit

1. NaOH einen weißen Niederschlag von $Mg(OH)_2$.

$$MgCl_2 + 2\,NaOH = \mathbf{Mg(OH)_2} + 2\,NaCl;$$

2. NH_4OH den gleichen Niederschlag von $Mg(OH)_2$. Diese Fällung ist aber nicht vollständig. Auf Zusatz von NH_4Cl verschwindet dieser Niederschlag wieder.

Die Fällung des $Mg(OH)_2$ mit NH_4OH ist deshalb nicht vollständig, weil das Ammoniumhydroxyd als schwache Base nicht genügend OH′ liefert. Wird die OH′-Konzentration durch Zusatz von reichlich NH_4Cl noch weiter vermindert, so genügt sie nicht mehr, um Mg überhaupt noch als Hydroxyd auszufällen. Der Hydroxydniederschlag löst sich vollständig auf.

3. $Ba(OH)_2$, Barytwasser, ebenfalls einen Niederschlag von $Mg(OH)_2$. Diese Fällung ist im Gegensatz zu der mit NH_4OH praktisch vollständig:

$$MgCl_2 + Ba(OH)_2 = \mathbf{Mg(OH)_2} + BaCl_2.$$

4. Ammoniumkarbonat gibt eine unvollkommene Fällung von basischen Magnesiumkarbonaten. Bei einem großen Überschuß von Ammoniumsalzen tritt diese Fällung nicht auf;

5. $NaNH_4HPO_4$ oder auch Na_2HPO_4 und Ammoniumchlorid in ammoniakalischer Lösung einen weißen Niederschlag von $MgNH_4PO_4$, der in verdünnten Säuren löslich ist.

$$MgCl_2 + NaNH_4HPO_4 + NH_4OH = \mathbf{MgNH_4PO_4} + NaCl + NH_4Cl + H_2O.$$

Der Niederschlag von Magnesium-Ammonium-Phosphat besitzt eine kristalline Struktur. Im Zweifelsfalle muß man diese Beschaffenheit des Niederschlages mikroskopisch feststellen, um ihn von etwa mit ausgefallenem amorphen Calciumphosphat später im Analysengang unterscheiden zu können. Unter dem Mikroskop erweist sich das Ammonium-Magnesiumphosphat als scherenförmig übereinander gelagerte Nadeln, die zum Teil auch Fiederungen aufweisen können.

Alkalien (K, Na, NH$_4$).

Zu den Alkalien gehören die Metalle Kalium und Natrium und das Radikal Ammonium, NH_4. Sie geben alle mit den üblichen Säuren keine schwer löslichen Salze. Man ist daher zu ihrem Nachweis auf die Fällung als Salze etwas weniger gebräuchlicher Säuren angewiesen.

Kalium, K.

Eine Lösung von KCl gibt mit

1. Natriumhexanitrokobaltiat, $Na_3[Co(NO_2)_6]$, einen gelben Niederschlag von $K_3[Co(NO_2)_6]$. Der Niederschlag entsteht in neutraler oder schwach saurer Lösung. Ein gleich aussehender Niederschlag wird mit Ammoniumsalzen erhalten. Man muß daher vor der Prüfung auf Kalium sich von der Abwesenheit der Ammoniumsalze überzeugen und sie nötigenfalls entfernen (siehe Ammonium);

2. Überchlorsäure, $HClO_4$, einen weißen Niederschlag von $KClO_4$, Kaliumperchlorat.

$$KCl + HClO_4 = \mathbf{KClO_4} + HCl.$$

Flammenfärbung: K färbt die Flamme violett. Da die fast immer anwesenden Spuren von Na durch das intensive Gelb (s. u.) die violette Färbung des K übertönen, so muß man zur Prüfung auf K die Flamme durch ein blaues Kobaltglas betrachten. Das blaue Glas absorbiert die gelben Strahlen, die Kaliumflamme erscheint dadurch etwas stärker bläulich.

Natrium, Na.

Eine Lösung von NaCl gibt

mit saurem pyroantimonsaurem Kalium, $K_2H_2Sb_2O_7$, einen weißen Niederschlag von $Na_2H_2Sb_2O_7$. Zur Herstellung des Reagenzes kocht man etwas Kaliumpyroantimonat im Reagenzglas mit wenig Wasser, gießt die getrübte Lösung ab, wiederholt dies nötigenfalls und stellt dann die Reaktion mit einer klaren Lösung des Salzes an, die man durch längeres Kochen erhalten hat.

$$2\,NaCl + K_2H_2Sb_2O_7 = Na_2H_2Sb_2O_7 + 2\,KCl.$$

Flammenfärbung: Na färbt die Flamme gelb. Da die Färbung schon durch Spuren von Na sehr intensiv wird, so kann man nur bei einer lang anhaltenden, sehr starken Gelbfärbung der Flamme auf Anwesenheit größerer Mengen von Na schließen.

Ammonium, NH_4.

Das Ammonium nimmt eine ganz besondere Stellung ein, da es als Radikal mit Säuren Salze bilden kann, die formal und in vielen Eigenschaften den Salzen der Alkalien ähneln.

Gasförmiges NH_3 setzt sich mit Wasser zum Teil zur Base NH_4OH um: $NH_3 + H_2O = NH_4OH$. Eine wässerige Ammoniaklösung stellt also demnach eine Lösung von NH_3 und NH_4OH dar. Letztes ist dann noch teilweise in $NH_4^{\cdot}$ und OH' elektrolytisch dissoziiert.

Eine Lösung von NH_4Cl gibt mit

1. $Na_3[Co(NO_2)_6]$ einen gelben Niederschlag von $(NH_4)_3[Co(NO_2)_6]$;

2. NESSLERS Reagenz eine Gelbfärbung, größere Mengen von $NH_4^{\cdot}$ geben einen braunen Niederschlag. Die Probe ist außerordentlich empfindlich. NESSLERS Reagenz ist eine alkalische Lösung des komplexen $K_2[HgJ_4]$. Mit Ammoniak reagiert es nach folgender Formel:

$$2\,K_2[HgJ_4] + 3\,KOH + NH_3 = O\!\!<^{Hg}_{Hg}\!\!>\!NH_2\!-\!J + 7\,KJ + 2\,H_2O.$$

$$2\,[HgJ_4]'' + 3\,OH' + NH_3 = O\!\!<^{Hg}_{Hg}\!\!>\!NH_2\!-\!J + 7\,J' + 2\,H_2O.$$

(Jodid der MILLONschen Base.)

Die MILLONsche Base hat die Formel:

$$O\!\!<^{Hg}_{Hg}\!\!>\!NH_2\!-\!OH.$$

3. Mit starken Basen NH_3-Entwicklung.

Die Reaktion wird am besten folgendermaßen ausgeführt: Man gibt die auf Ammonium zu untersuchende Substanz in fester oder gelöster Form in eine kleine Porzellanschale und übergießt sie mit einigen ccm Natronlauge. Dann bedeckt man die Porzellanschale mit einem Uhrglas, an dessen Innenseite ein feuchtes Stück rotes Lackmuspapier angeklebt ist. Nach kurzer Zeit bläut sich das Lackmuspapier bei Anwesenheit von Ammoniumverbindungen durch das entstandene gasförmige NH_3, das sich mit der Feuchtigkeit des Lackmuspapiers zu NH_4OH umsetzt. In Zweifelsfällen ist es wichtig, vorsichtig zu erwärmen und bis zu einer Viertelstunde zu warten.

$$NH_4Cl + NaOH = NH_3 + H_2O + NaCl.$$

Man muß die Prüfung auf Ammonium gleich zu Anfang der Analyse vornehmen, indem man die Analysensubstanz selbst, ohne sie vorher anders zu behandeln, auf die eben beschriebene Weise untersucht. Das Ammonium wird also nicht im Rahmen des Analysenganges nachgewiesen, da man bei der Untersuchung auf Metalle immer Ammoniumverbindungen benutzen muß und es daher nicht möglich ist, zwischen dem in der Analyse vorhandenen und dem später zugefügten Ammonium zu unterscheiden.

Ammoniumsalze sind in der Hitze teils flüchtig, zum Teil zersetzen sie sich, wenn sie mit nichtflüchtigen Säureanionen zu Salzen verbunden sind. Ohne Zersetzung flüchtig ist NH_4Cl. $(NH_4)_2CO_3$ zersetzt sich beim Erhitzen nach folgender Formel:

$$(NH_4)_2CO_3 = 2\,NH_3 + CO_2 + H_2O.$$

In anderer Weise zerfällt NH_4NO_3.

$$NH_4NO_3 = N_2O + 2\,H_2O.$$
$$\text{(Lachgas, Stickstoffoxydul)}$$

Beim Glühen der Phosphorsalzperle zerfällt, wie bereits gezeigt, das $NaNH_4HPO_4$ in $NaPO_3$, Natriummetaphosphat, sowie NH_3 und H_2O.

$$NaNH_4HPO_4 = NaPO_3 + NH_3 + H_2O.$$

Bei der Trennung des Magnesiums von den Alkalien fällt man das Mg durch Barytwasser als $Mg(OH)_2$ aus, im Filtrat entfernt man das überschüssige $Ba(OH)_2$ durch $(NH_4)_2CO_3$ und weist nach Vertreibung des Ammoniums K und Na nebeneinander nach.

Allgemeines über Löslichkeitsverhältnisse.

Da die Löslichkeit für die Trennung und Erkennung der Körper in der Analyse eine wichtige Rolle spielt, so seien kurz einige allgemeine Gesetzmäßigkeiten über die Löslichkeitsverhältnisse der wichtigsten Salze, Oxyde, Hydroxyde und Metalle angeführt.

Über die Löslichkeit der Metalle in Säuren gibt die Spannungsreihe Auskunft. Alle Metalle, die vor dem H stehen, sind in Säuren löslich. Die hinter dem H stehenden Metalle sind nur in solchen Säuren löslich, die als starke Oxydationsmittel wirken, wie konz. HNO_3 oder eine Mischung von konz. HNO_3 und konz. HCl, Königswasser. Die Wirkung des Königswassers beruht auf der Entstehung freien Chlors, das die Metalle zu Chloriden oxydiert: $3\,HCl + HNO_3 = NOCl$ (Nitrosylchlorid) $+ 2\,H_2O + 2\,Cl$. In Wasser sind die Metalle nur dann löslich, wenn sie mit dem Wasser selbst sich chemisch umsetzen, wie z. B. K, Na, Ca, die sich in Wasser unter Bildung ihrer Hydroxyde lösen.

Von den Metalloxyden sind nur diejenigen in Wasser löslich, die darin Hydroxyde bilden, wie K_2O, Na_2O, CaO, BaO. Die Oxyde der anderen Metalle lösen sich in Wasser nicht, wohl aber lösen sich die meisten Oxyde in Säuren unter Salzbildung. Eine Ausnahme machen die Oxyde, die stark geglüht sind, wie geglühtes Chrom-, Aluminium- und Zinnoxyd. Wenn man diese in Lösung bringen will, so ist es vorteilhaft, sie bei höherer Temperatur (unter Schmelzen) mit sauer reagierenden Salzen, wie $KHSO_4$, zu den wasserlöslichen Sulfaten umzusetzen.

Unter den Hydroxyden ist die Löslichkeit der Alkalihydroxyde in Wasser sehr groß, die der Erdalkalien schon geringer, wie wir bereits S. 32 gesehen haben. Es sei hier kurz nur daran erinnert, daß das $Ba(OH)_2$ das leichtestlösliche, das $Ca(OH)_2$ das schwerstlösliche Hydroxyd dieser Reihe ist. Die Hydroxyde aller übrigen Metalle sind im Wasser sehr schwer löslich. Sie lösen sich aber alle in Säuren unter Salzbildung, ein Teil auch unter Komplexsalzbildung in Ammoniak. Unter Salzbildung lösen sich in starken Basen die Hydroxyde der amphoteren Stoffe, wie z. B. das $Pb(OH)_2$ in einem Überschuß von NaOH.

Über die Löslichkeit der Salze in Wasser ist folgendes zu sagen:

Nitrate: Alle Nitrate sind leicht löslich.

Chloride: Schwerlöslich sind nur die Chloride von Ag, einwertigem Hg und Pb, unter denen das letzte in heißem Wasser leicht in Lösung geht. Alle übrigen Chloride sind leicht löslich.

Sulfate: Schwer löslich sind die Sulfate der Erdalkalien und das Bleisulfat. In heißem Wasser ist $CaSO_4$ bereits merklich löslich (Gipswasser). Die übrigen Sulfate sind leicht löslich.

Karbonate: Nur die Karbonate der Alkalien sind leicht löslich. Alle übrigen Karbonate sind in Wasser schwer löslich, lösen sich jedoch in verdünnten Mineralsäuren unter Entwicklung von CO_2 auf.

Phosphate: In Wasser löslich sind nur die Phosphate der Alkalien, alle übrigen sind wasserunlöslich. Alle Phosphate sind jedoch in verdünnten Mineralsäuren löslich.

Oxalate: Schwer löslich sind vor allem die Oxalate der Erdalkalien, die sich in verdünnter Salzsäure leicht auflösen, in verdünnter Essigsäure aber unlöslich sind.

Für die Analyse sehr wichtige Löslichkeitsverhältnisse bestehen bei den Sulfiden, den Salzen des Schwefelwasserstoffs. Schwer lösliche Sulfide bilden Ag, Hg, Pb, Cu, Bi, Cd, As, Sb, Sn, Co, Ni, Fe, Mn, Zn. Die Sulfide von Al und Cr gehen in die ebenfalls in Wasser schwer löslichen Hydroxyde über. Von den genannten Sulfiden, die sich also von den Metallen der Salzsäure-, der Schwefelwasserstoff- und Schwefelammongruppe ableiten, sind in Säuren fällbar die von Ag bis Sn. Die anderen Sulfide fallen nicht in saurer Lösung, sondern nur in alkalischer. Allerdings sind CoS und NiS, einmal gefällt, in verdünnter HCl (2n) nicht mehr löslich.

Die Löslichkeit der Ammoniumsalze verhält sich im wesentlichen ebenso wie die der Alkalien.

Der Nachweis der Säuren.

Viele der in folgendem zu besprechenden Reaktionen auf Säure-anionen haben wir bereits bei den Metallen kennengelernt. Denn es handelt sich auch bei dem Nachweis der Anionen meist darum, nach Möglichkeit besonders charakteristische Salze auszufällen. Ferner haben wir vier der wichtigsten Säuren bereits behandelt.

Bei dem Nachweis der Säureanionen im Analysengang ist es meistens unmöglich, eine wässerige Lösung der Untersuchungssubstanz zu berei-ten, um darin auf die Säuren zu prüfen. Es würden einmal noch mit in Lösung gehende Schwermetallsalze die einzelnen Reaktionen stören, ferner würden sich schwer lösliche Salze der Säuren beim Behandeln der Analysensubstanz mit Wasser bilden, die ungelöst zurückblieben. Da aber die Alkalisalze der allermeisten Säuren löslich sind, so stellt man zur Prüfung auf Anionen zweckmäßig deren Natriumsalze her, was leicht durch Behandeln der Untersuchungssubstanz mit einer konz. Natrium-karbonatlösung gelingt. Man kocht einen Teil der Analysensubstanz mit einem Überschuß von Natriumkarbonat etwa 15 Minuten und filtriert die Flüssigkeit. Das Filtrat stellt den sog. *Sodaauszug* dar und enthält sämtliche Säureanionen. Auf dem Filter sind dagegen die meisten Metalle als schwer lösliche Karbonate zurückgeblieben. Bei der Prüfung des Sodaauszugs ist zu bedenken, daß er stark alkalisch reagiert und einen Überschuß von Karbonatanionen enthält. Er muß daher immer ent-weder neutralisiert oder angesäuert werden, wenn man auf die einzelnen Säuren prüfen will. Das Neutralisieren bzw. Ansäuern darf natürlich nicht mit einer Säure ausgeführt werden, die gerade nachgewiesen werden soll. So muß man z. B. bei Prüfung auf Cl′ einen Teil des Soda-auszugs mit Salpetersäure ansäuern. Man kann ferner beim Sodaauszug nicht mehr entscheiden, ob ein Karbonat in der Ausgangssubstanz ent-halten war, da durch den großen Natriumkarbonatüberschuß die Prü-fung auf CO_3'' immer positiv ausfallen würde. Man muß sich daher von der An- bzw. Abwesenheit der Karbonate in der Analysensubstanz selbst überzeugen, d. h. den auf S. 8 beschriebenen Versuch ansetzen.

Zum Nachweis der Anionen in den folgenden Übungen benutzt man die wässerigen Lösungen der Säuren selbst oder die Lösungen ihrer Alkalisalze.

Die Halogensäuren.

Salzsäure, HCl.

Siehe S. 6.

Bromwasserstoffsäure, HBr.

1. $AgNO_3$ fällt in salpetersaurer Lösung einen gelblichen Nieder-schlag von AgBr, der in NH_3 unter Komplexsalzbildung löslich ist.

$$AgNO_3 + KBr = \mathbf{AgBr} + KNO_3.$$
$$Ag^{\cdot} + Br' = \mathbf{AgBr}.$$
$$AgBr + 2\,NH_3 = [Ag(NH_3)_2]Br.$$

2. Mit Chlorwasser erfolgt eine Abscheidung von elementarem Brom, das die Flüssigkeit braun färbt und durch Schwefelkohlenstoff mit brauner Farbe ausgeschüttelt werden kann. Bei weiterem Zusatz von Chlorwasser verschwindet die Braunfärbung, da sich weingelbes Bromchlorid bildet.

$$Cl_2 + 2\,KBr = Br_2 + 2\,KCl.$$
$$Cl_2 + 2\,Br' = Br_2 + 2\,Cl'.$$
$$Cl_2 + Br_2 = 2\,ClBr.$$

Jodwasserstoffsäure, HJ.

1. $AgNO_3$-Lösung erzeugt einen gelben Niederschlag von AgJ, der in Ammoniak und Salpetersäure unlöslich ist.

$$AgNO_3 + KJ = \mathbf{AgJ} + KNO_3.$$
$$Ag^{\cdot} + J' = \mathbf{AgJ}.$$

2. Chlorwasser erzeugt eine braune Färbung der Lösung durch Jodabscheidung. In Schwefelkohlenstoff löst sich das Jod mit violetter Farbe auf und geht bei weiterem Zusatz von Chlorwasser in farbloses JCl_3 über. Zu einem Teil wird das Jod durch das Cl des Chlorwassers zu Jodsäure oxydiert.

Hat man Cl', Br' und J' nebeneinander nachzuweisen, so wird man folgendermaßen vorgehen: Die Lösung wird mit verdünnter Schwefelsäure angesäuert, mit Schwefelkohlenstoff und einigen Tropfen Chlorwasser versetzt. Zuerst wird elementares Jod ausgeschieden, da es am leichtesten oxydierbar ist, das sich in dem Schwefelkohlenstoff mit violetter Farbe löst. Bei weiterem vorsichtigen Zusatz von Chlorwasser verschwindet allmählich die Violettfärbung, und bei Anwesenheit von Bromionen wird der Schwefelkohlenstoff nun braun; diese Braunfärbung wird bei einem Überschuß von Chlorwasser weingelb. Die Prüfung auf Chlor erfolgt gesondert, und zwar mittels fraktionierter Fällung der Silberhalogenide. Das Silberjodid ist in Wasser schwerer löslich als das Silberbromid und das Silberbromid wieder schwerer löslich als das Silberchlorid. Ist also durch Chlorwasser die Anwesenheit von Br' und J' sichergestellt, so muß man einen anderen Teil der auf Cl' zu untersuchenden Lösung mit HNO_3 ansäuern und tropfenweise mit $AgNO_3$-Lösung versetzen. Zuerst fällt gelbes AgJ aus, das abfiltriert wird, dann fällt das gelbliche AgBr aus, und in diesem Filtrat läßt sich mit Hilfe eines Überschusses von $AgNO_3$ das Cl' als weißes AgCl ausfällen.

Fluorwasserstoffsäure, Flußsäure, H_2F_2.

1. Eine wässerige Lösung von NaF gibt mit Calciumchlorid einen weißen Niederschlag von Calciumfluorid:

$$CaCl_2 + 2\,NaF = \mathbf{CaF_2} + 2\,NaCl.$$
$$Ca^{\cdot\cdot} + 2\,F' = \mathbf{CaF_2}.$$

2. Feste Fluoride, mit konz. Schwefelsäure im Reagenzglas übergossen und vorsichtig erhitzt, geben eine Entwicklung von H$_2$F$_2$, die in sehr charakteristischer Weise verläuft: Die Gasblasen kriechen wie Öltröpfchen an der Wand des Reagenzglases empor. Das Glas wird dabei durch die Fluorwasserstoffsäure angegriffen unter Bildung des flüchtigen Siliziumfluorids.

$$2\,NaF + H_2SO_4 = Na_2SO_4 + H_2F_2.$$
$$2\,H_2F_2 + SiO_2 = SiF_4 + 2\,H_2O.$$

Überchlorsäure, HClO$_4$.

Kaliumchloridlösung gibt einen weißen kristallinen Niederschlag von KClO$_4$.

Säuren des Schwefels.
Schwefelwasserstoffsäure, H$_2$S.

1. H$_2$SO$_4$ und andere verdünnte Mineralsäuren entwickeln aus vielen Sulfiden H$_2$S. Dieser entweicht gasförmig und ist am Geruch und der Schwarzfärbung von Filtrierpapier, das mit einer Bleiazetatlösung getränkt ist, erkennbar:

$$Na_2S + H_2SO_4 = Na_2SO_4 + H_2S.$$
$$H_2S + Pb(CH_3COO)_2 = PbS + 2\,CH_3COOH.$$

2. AgNO$_3$ fällt in schwach salpetersaurer Lösung schwarzes Ag$_2$S:

$$2\,AgNO_3 + H_2S = Ag_2S + 2\,HNO_3.$$
$$2\,Ag^{\cdot} + S'' = Ag_2S.$$

Die Darstellung des H$_2$S im Laboratorium erfolgt im Kippschen Apparat aus Schwefeleisen, FeS, und H$_2$SO$_4$ oder HCl.

Schweflige Säure, H$_2$SO$_3$.

1. Mineralsäuren, wie H$_2$SO$_4$, entwickeln aus Sulfiten SO$_2$, Schwefeldioxyd, das durch seinen charakteristischen Geruch erkennbar ist.

$$Na_2SO_3 + H_2SO_4 = Na_2SO_4 + H_2SO_3,$$
$$H_2SO_3 = SO_2 + H_2O.$$

Beim Verreiben der Analysensubstanz mit festem sauren Kaliumsulfat, KHSO$_4$, tritt ebenfalls der Geruch nach SO$_2$ auf:

$$Na_2SO_3 + 2\,KHSO_4 = Na_2SO_4 + K_2SO_4 + H_2O + SO_2.$$

2. Jod-Jodkaliumlösung wird entfärbt. Es erfolgt eine Reduktion des Jods zu Jodid, eine Oxydation des vierwertigen Schwefels zum sechswertigen:

$$H_2SO_3 + J_2 + H_2O = H_2SO_4 + 2\,HJ.$$

Schwefelsäure, H$_2$SO$_4$.
Siehe S. 7.

Thioschwefelsäure, $H_2S_2O_3$.

1. Verdünnte Schwefelsäure oder Salzsäure erzeugen nach einigem Stehen kolloiden, gelbweißen bzw. gelben Schwefel unter Bildung von Schwefeldioxyd, das am Geruch erkennbar ist:

$$Na_2S_2O_3 + H_2SO_4 = Na_2SO_4 + S + H_2SO_3.$$
$$H_2SO_3 = H_2O + SO_2.$$
$$S_2O_3'' = SO_3'' + S.$$

2. Eine Jod-Jodkaliumlösung wird durch Natriumthiosulfat unter Bildung von Natriumtetrathionat entfärbt:

$$J_2 + 2\,Na_2S_2O_3 = Na_2S_4O_6 + 2\,NaJ.$$

Diese Entfärbung kann noch deutlicher sichtbar werden durch Zusatz von Stärkelösung. Diese gibt mit elementarem (nicht ionisiertem) Jod eine Blaufärbung.

Die Trennung der Säuren des Schwefels wird folgendermaßen ausgeführt: Ein Zusatz von Zinkhexamminchloridlösung zu dem stark ammoniakalisch gemachten Sodaauszug (s. S. 37) fällt die Sulfide als ZnS. Das Filtrat, das nun mit Essigsäure angesäuert wird, kann noch SO_3'', SO_4'' und S_2O_3'' enthalten. Bei Zusatz von $Sr(NO_3)_2$-Lösung werden SO_3'' und SO_4'' als Strontium-Sulfit bzw. Sulfat ausgeschieden, während das Thiosulfation in Lösung bleibt. Das in Lösung befindliche Thiosulfat läßt sich daran erkennen, daß beim Ansäuern kolloidaler Schwefel entsteht und der Geruch von SO_2 bemerkbar wird. Die Trennung des Strontiumsulfits vom -sulfat nimmt man so vor, daß der Niederschlag mit verd. HCl behandelt wird; dabei löst sich das $SrSO_3$ auf, während das Sulfat ungelöst zurückbleibt. Das gelöste Sulfit entfärbt eine Jod-Jodkaliumlösung, die man vorsichtig tropfenweise hinzusetzt.

Säuren des Stickstoffs.

Salpetrige Säure, HNO_2.

1. Verdünnte H_2SO_4 setzt HNO_2 in Freiheit unter Entwicklung von braunen Dämpfen, die aus NO_2, Stickstoffdioxyd, bestehen.

2. Verdünnte H_2SO_4 und Ferrosulfatlösung erzeugen eine braune Färbung der Flüssigkeit unter Bildung der Verbindung aus $FeSO_4$ und NO (s. S. 7). Diese Reaktion unterscheidet sich von der Reaktion, die auf Salpetersäure angestellt wird, denn bei HNO_3 erfolgt die Braunfärbung (als Ringprobe) nur bei Anwendung von konz. Schwefelsäure.

Salpetersäure, HNO_3.

Siehe S. 7.

Phosphor- und Arsensäure, H_3PO_4 und H_3AsO_4.

Vom fünfwertigen P und As leiten sich drei Säuren ab, die P_2O_5 bzw. As_2O_5 als gemeinsames Anhydrid haben:

H_3PO_4 bzw. H_3AsO_4, Ortho-Phosphor- bzw. Ortho-Arsensäure,

$H_4P_2O_7$ bzw. $H_4As_2O_7$, Pyro-Phosphor- bzw. Pyro-Arsensäure,

HPO_3 bzw. $HAsO_3$, Meta-Phosphor- bzw. Meta-Arsensäure.

Wir wollen hier nur die Ortho-Säuren behandeln.

Beide Säuren verhalten sich sehr ähnlich; man kann daher im Soda-auszug nicht entscheiden, welche der beiden Säuren vorliegt. Da aber Arsen im Analysengang quantitativ durch Schwefelwasserstoff gefällt wird, so muß man, falls vorher die Probe auf PO_4''' und AsO_4''' positiv ausgefallen war, im Filtrat des H_2S-Niederschlags die Prüfung auf PO_4''' wiederholen (s. S. 47).

1. Magnesiamixtur, d. h. eine ammoniakalische Lösung von Magnesiumchlorid und Ammoniumchlorid, gibt eine weiße kristalline Fällung von $MgNH_4PO_4$ bzw. $MgNH_4AsO_4$, Magnesium-ammonium-ortho-phosphat bzw. Magnesium-ammonium-ortho-arsenat (s. S. 16).

2. In salpetersaurer Lösung erfolgt nach Zusatz von einem Überschuß von salpetersaurer Ammonium-molybdatlösung und Kochen eine Ausfällung von gelbem Ammonium-phosphor-molybdat bzw. Ammonium-arseno-molybdat, $(NH_4)_3PO_4 \cdot 12\,MoO_3$ bzw. $(NH_4)_3AsO_4 \cdot 12\,MoO_3$.

Borsäure.

Es gibt folgende Borsäuren: H_3BO_3, HBO_2 und $H_2B_4O_7$. Diese Säuren leiten sich von dem Anhydrid B_2O_3 ab.

Borate geben mit konz. H_2SO_4 und Methylalkohol, CH_3OH, einen flüchtigen Borsäuremethylester, der nach dem Anzünden mit grüner Flamme verbrennt:

$$Na_2B_4O_7 \text{ (Borax)} + 12\,CH_3OH + H_2SO_4 = 4\,B(OCH_3)_3 \text{ (Borsäuremethylester)}$$
$$+ Na_2SO_4 + 7\,H_2O.$$

Diese Reaktion wird in einer Porzellanschale so ausgeführt, daß man die feste Substanz mit Methylalkohol und dann mit konz. H_2SO_4 übergießt, umrührt und nun den Alkohol anzündet.

Kieselsäure, H_2SiO_3.

Eine Natriumsilikatlösung, Wasserglaslösung, gibt auf Zusatz von Ammoniumchloridlösung nach einiger Zeit einen weißen, gallertartigen Niederschlag von Kieselsäure. Die Bildung der Kieselsäure kommt dadurch zustande, daß das Ammoniumsilikat hydrolytisch zerfällt und die sich bildende Kieselsäure als Gallerte abscheidet.

Chromsäure, H_2CrO_4.

Bariumchlorid gibt einen Niederschlag von Bariumchromat (s. S. 26 bzw. 30). In dem Analysengang wird das Chrom der Chromsäure in der Schwefelammongruppe nachgewiesen. Dasselbe gilt auch für das Mangan der

Übermangansäure, $HMnO_4$.

Eine mit H_2SO_4 angesäuerte Lösung von $KMnO_4$ wird durch Oxalate beim Erwärmen entfärbt (s. S. 26).

Kohlensäure, H_2CO_3.

Siehe S. 7.

Essigsäure, CH_3COOH.

Beim Verreiben von festen Azetaten mit festem $KHSO_4$ tritt ein starker Geruch nach Essigsäure auf:

$$CH_3COOK + KHSO_4 = K_2SO_4 + CH_3COOH.$$

Oxalsäure, $(COOH)_2$.

1. Calciumchloridlösung fällt weißes Calciumoxalat, $Ca(COO)_2$, löslich in Mineralsäuren, unlöslich in Essigsäure.

2. In schwefelsaurer Lösung und bei erhöhter Temperatur wird eine vorsichtig tropfenweise hinzugefügte verdünnte Kaliumpermanganatlösung entfärbt (vgl. S. 26).

Rhodanwasserstoffsäure, $HSCN$.

1. In salzsäurehaltiger Lösung erzeugt eine Ferrichloridlösung eine blutrote Färbung von Ferrirhodanid, $Fe(SCN)_3$.

2. Silbernitratlösung fällt weißes, käsiges Silberrhodanid, $AgSCN$, das in Salpetersäure unlöslich ist.

Diese beiden Reaktionen sind wichtig für die VOLHARDsche Silber- bzw. Chlorbestimmung.

3. Auf Zusatz von H_2SO_3- und $CuSO_4$-Lösung erfolgt ein allmählich weißwerdender Niederschlag von Cuprorhodanid, $CuSCN$:

$$2\,CuSO_4 + H_2SO_3 + 2\,KSCN + H_2O = 2\,CuSCN + K_2SO_4 + 2\,H_2SO_4.$$

Ferrozyanwasserstoffsäure, $H_4[Fe(CN)_6]$.

Ferrichloridlösung erzeugt einen tiefblauen Niederschlag von Berlinerblau, Ferri-Ferrozyanid, $Fe_4[Fe(CN)_6]_3$.

$$4\,FeCl_3 + 3\,K_4[Fe(CN)_6] = Fe_4[Fe(CN)_6]_3 + 12\,KCl.$$

Ferrizyanwasserstoffsäure, $H_3[Fe(CN)_6]$.

Ferrosulfatlösung fällt blaues Turnbullsblau, Ferro-Ferrizyanid, $Fe_3[Fe(CN)_6]_2$.

$$3\,FeSO_4 + 2\,K_3[Fe(CN)_6] = Fe_3[Fe(CN)_6]_2 + 3\,K_2SO_4.$$

Analysengang.

Die Kenntnis der Hauptreaktionen und Eigenschaften der Metalle und Säuren macht es uns möglich, in einem Gemisch dieser Kationen und Anionen die einzelnen Bestandteile nachzuweisen. Die erste Aufgabe ist es, zu Beginn einer Analyse durch orientierende Vorproben sich von der Anwesenheit oder dem Fehlen bestimmter Körper zu überzeugen. Diese Vorproben werden mit der ungelösten Analysensubstanz vorgenommen. Sie sollen selbstverständlich nicht den regulären Analysengang ersetzen, sondern sollen nur dem Untersucher andeuten, welche Körper mit einiger Wahrscheinlichkeit zu erwarten sind oder nicht. Außerdem lernt er dadurch eine ganze Anzahl von Eigenschaften der Substanz kennen. Zu den Proben, die direkt mit der Analysensubstanz angestellt werden, gehören auch der Nachweis der Kohlen-, Bor-, Fluß- und Essigsäure und des Ammoniums, die dann nicht mehr den Charakter einer Vorprobe haben, sondern schon ein Glied des Analysenganges darstellen.

Nachweis des Ammoniums, NH$_4$.

Ein kleiner Teil der Analysensubstanz wird in einem Porzellanschälchen in der auf S. 34 beschriebenen Weise untersucht.

Nachweis der Karbonate.

Ein kleiner Teil der Analysensubstanz wird auf einem Uhrglase vorsichtig mit einigen Tropfen verdünnter Schwefelsäure zusammengebracht. Ist ein Aufbrausen zu erkennen, so ist der Verdacht auf Karbonate vorhanden. Es muß jetzt die Prüfung auf Karbonate in dem kleinen CO$_2$-Überleitungsapparat ausgeführt werden (s. S. 8). Außer Kohlensäure können durch die Einwirkung der Säure noch andere Gase entstehen. So in erster Linie Wasserstoff, wenn in der Analysensubstanz Metalle enthalten waren, wie z. B. Aluminiumpulver, ferner H$_2$S, der sich aus Sulfiden entwickelt, oder NO$_2$ aus Nitriten und SO$_2$ aus Sulfiten. Die letzten Gase kann man schon am Geruch feststellen. Der exakte Nachweis dieser Anionen erfolgt im Sodaauszug.

Nachweis der Borsäure.

Ausführung s. S. 41.

Vorproben.

1. Flammenfärbung.

An die Prüfung auf CO$_3''$ und NH$_4'$ schließt sich jetzt die Untersuchung am Magnesiastäbchen an. Zuerst wird die Flammenfärbung ausgeführt und zwar in folgender Weise: Man taucht das heiße Magnesiastäbchen, das vorher sehr gut ausgeglüht ist und der Flamme keine eigene Färbung erteilen darf, in die Analysensubstanz und beobachtet die evtl. auftretende Färbung der Bunsenflamme. Es ist vorteilhaft, die Substanz mit etwas konz. Salzsäure zu befeuchten, wobei man praktisch so vorgeht, daß man vorsichtig einen Tropfen Salzsäure auf einem Uhrgläschen mit einigen Körnchen der Substanz verreibt und dann die feuchte Substanz an das Magnesiastäbchen bringt. Diese Maßnahme hat den Zweck, evtl. vorhandene schwerflüchtige Substanzen, die die Flamme schlecht färben, in die leicht flüchtigen Chloride überzuführen.

Die Alkalien färben die Flamme sehr intensiv, und zwar Natrium gelb und Kalium violett. Die Vorprobe auf Na ist nur dann eindeutig, wenn eine länger anhaltende, intensive Gelbfärbung zu beobachten ist, die durch ein gutes Kobaltglas, besser noch durch zwei aufeinandergelegte, vollkommen absorbiert werden muß. Bei Anwesenheit von Kalium wird dann die violette Kaliumflamme sichtbar, sonst wird sie durch das Gelb des Na verdeckt.

Die Erdalkalien liefern recht charakteristische Färbungen. Das Ba erteilt der Flamme eine grüne Färbung, die sehr schnell verschwindet. Im allgemeinen ist die Ba-Flamme bei Benutzung des Magnesiastäbchens nicht sehr gut zu erkennen (besser am Platindraht). Ca und Sr färben die Flamme intensiv rot. Das Sr zeigt eine karminrote, das Ca eine mehr ziegelrote Färbung. Bei der großen Flüchtigkeit des $CaCl_2$ verschwindet die Färbung des Ca schnell. Die Färbung des Sr ist beständiger.

Von den Schwermetallen seien noch Cu, Pb, As und Sb genannt. Das Cu erteilt der Flamme eine grünlichblaue Färbung, aber nur bei Vorliegen als Halogenid. Es ist also auch wegen des Cu-Nachweises wichtig, die Substanz mit Salzsäure zu befeuchten. Die letztgenannten Metalle rufen eine fahlblaue Flammenfärbung hervor.

Liegen mehrere Metalle vor, die eine Flammenfärbung geben, so ist es meist schwer, die charakteristische Färbung der einzelnen gut festzustellen. Doch ist es in den allermeisten Fällen möglich, die eine oder andere Substanz zu erkennen, so daß diese Vorprobe eine gewisse Sicherheit gibt.

Zusammenstellung der Flammenfärbungen:

Alkalien	Na	gelb,
	K	violett.
Erdalkalien	Ca	ziegelrot,
	Sr	karminrot,
	Ba	grün.
Schwermetalle	Cu	smaragdgrün,
	As, Sb, Pb .	fahlblau.

2. Phosphorsalzperle.

Eine weitere wichtige Vorprobe ist die Untersuchung der Analysensubstanz in der Phosphorsalzperle. Man schmelze etwas $NaNH_4HPO_4$

am Magnesiastäbchen an und warte dabei, bis die heftige Gasentwicklung aufgehört hat und ein klarer Schmelzfluß sich in Form eines durchsichtigen Tropfens bildet. Dann tauche man noch warm die allmählich zähflüssig gewordene Perle in die Analysensubstanz und schmelze erneut in der Bunsenflamme, bis die Substanz sich vollkommen in der Perle aufgelöst hat.

Es ist wichtig, hier zwischen der Behandlung in der Oxydations- und der Reduktionsflamme zu unterscheiden. An der Bunsenflamme erkennt man nämlich einen inneren blaugrünen Kegel, in dem die Gase nur unvollständig verbrannt sind. Dieser Teil der Flamme wird also reduzierende Eigenschaften aufweisen. Der diesen Kegel umschließende schwachleuchtende Mantel wirkt stark oxydierend und ist sehr heiß (etwa 1500° C), da hier die Gase infolge des leichteren Sauerstoffzutritts vollkommen verbrennen. Wir beschränken uns darauf, nur die Proben anzuführen, die mit der Oxydationsflamme erhalten werden, da sie charakteristischer sind als die in der Reduktionsflamme; außerdem beschränken wir uns auf die Betrachtung der erkalteten Perle.

In der Phosphorsalzperle sind nachweisbar: Fe, Ni, Co, Mn, Cr, Cu.

Die charakteristischste Färbung der Phosphorsalzperle gibt das Kobalt. Es färbt die Schmelze intensiv blau. Die blaue Co-Farbe überwiegt in einem Gemenge so stark, daß meist keine anderen Metalle neben Co in der Perle nachweisbar sind.

Ni gibt eine gelbe bis gelbbraune Färbung,

Fe eine ähnliche, aber schwächer gelbe,

Mn eine violette, amethystähnliche,

Cr eine grüne,

Cu eine grünblaue Färbung.

3. Oxydationsschmelze.

Als letzte Probe am Magnesiastäbchen ist die Oxydationsschmelze anzustellen, die uns über die Anwesenheit oder das Fehlen von zwei Metallen unterrichtet, nämlich von Mn und Cr. Man verreibt einen kleinen Teil der Substanz mit etwa der dreifachen Menge einer Mischung von Na_2CO_3 und KNO_3 (Soda-Salpetermischung) und schmilzt dieses Gemisch am Magnesiastäbchen in der Bunsenflamme zusammen, bis die Entwicklung von Sauerstoff aufgehört hat. Bei Anwesenheit von Mn ist die Schmelze nach dem Erkalten grün gefärbt, und zwar durch Bildung von K_2MnO_4 (s. S. 25). Durch Cr entsteht eine gelbe Farbe durch Bildung von Na_2CrO_4 (s. S. 26). Bei Anwesenheit von Mn und Cr zu gleicher Zeit können Überdeckungen der Farben auftreten.

Es empfiehlt sich, alle Reaktionen am Magnesiastäbchen mehrmals anzustellen, und zwar unter Variierung der Menge der zu untersuchenden

Substanz. Es kann dann unter Umständen bei einer bestimmten Substanzmenge der Nachweis irgendeines Metalls sicherer erfolgen als bei einer anderen.

4. Verreiben mit Kaliumbisulfat, $KHSO_4$.

Das Verreiben mit $KHSO_4$ stellt eine recht wichtige Vorprobe dar. Es ist ausschließlich eine Prüfung auf Säuren. Man verreibt einen Teil der Analysensubstanz mit etwa der fünffachen Menge von festem $KHSO_4$ in einer Porzellanreibschale und prüft den Geruch, der dabei auftritt. Bei Anwesenheit von Sulfiten und Thiosulfaten entwickelt sich ein stechender Geruch nach SO_2. Sind Sulfide vorhanden, so kann man H_2S riechen, Azetate bewirken das Auftreten des typischen Essigsäuregeruchs.

5. Erhitzen mit konz. H_2SO_4.

Als letzte Vorprobe sei das Erhitzen mit konz. H_2SO_4 genannt. Man gebe eine Messerspitze der Analysensubstanz in ein vollkommen trockenes Reagenzglas und übergieße sie mit einigen Kubikzentimetern konz. Schwefelsäure. Bei Anwesenheit von Karbonaten, Metallen und Salzen leicht flüchtiger Säuren tritt sofort eine Gasentwicklung auf, ähnlich wie bei der Behandlung mit verdünnter Schwefelsäure. Man erhitzt nun vorsichtig das Reagenzglas und kann zunächst die Anwesenheit von Fluoriden sicherstellen (s. S. 39). Die Halogenide werden bei Anwesenheit oxydierender Substanzen wie HNO_2 und H_2CrO_4 zersetzt und die Halogene in Freiheit gesetzt. Cl-Gas ist gelbgrün gefärbt und von stechendem Geruch, Br ist rotbraun, J ist violett. Man vermeide, von diesen Gasen zu viel einzuatmen, da sie alle, besonders das Brom, die Schleimhäute sehr stark angreifen. Aus den komplexen Zyaniden entwickelt sich HCN, das nach bitteren Mandeln riecht. Es ist außerordentlich giftig, daher Vorsicht!

Die unter 4 und 5 genannten Reaktionen auf Essigsäure und Flußsäure sind keine Vorproben in strengem Sinne. Wir können den positiven und negativen Ausfall dieser Reaktionen als sichere Nachweise dieser beiden Säuren betrachten.

Untersuchung der Analysensubstanz auf Säureanionen.

Zum Nachweis der meisten Säuren wird von dem Sodaauszug (s. S. 37) ausgegangen. Die Prüfung desselben auf die einzelnen Anionen muß stets vor dem Trennungsgang der Metalle erfolgen (mit Ausnahme der Phosphorsäure, s. w. unten). Denn teilweise hängt die Trennung der Metalle von dem Gehalt der Analysensubstanz an gewissen Säuren (s. S. 50) ab. Wir müssen z. B. vorher erfahren, ob der Sodaauszug das Oxalat-Ion enthält, denn dieses macht es unmöglich, die Erdalkalien in dem üblichen Analysengang nachzuweisen, wenn man es nicht nach bestimmten Verfahren entfernt. Ähnliches gilt auch für die Phosphorsäure. Diese wird besser nicht in dem Sodaauszug nachgewiesen, sondern in einer mit HNO_3 behandelten und filtrierten Probe der Analysensubstanz, da manche schwer löslichen Phosphate nicht in den Sodaauszug gehen, dagegen aber durch HNO_3 in Lösung gebracht werden. Hier liegt aber noch eine andere Schwierigkeit vor. Wenn wir nämlich die Reaktion auf Phosphorsäure anstellen, so läßt sich die gleichzeitige oder auch alleinige Anwesenheit von Arsensäure nicht ausschließen. Es muß daher noch einmal die Reaktion auf Phosphorsäure (mit Ammoniummolybdat) erst im Filtrat der H_2S-Gruppe erfolgen. Denn jetzt sind wir sicher, daß etwa vorhandenes Arsen durch den Schwefelwasserstoff als Sulfid gefällt ist. Ist die Reaktion auf Phosphorsäure in dem Filtrat der H_2S-Gruppe positiv, so muß, wie wir S. 50 näher auseinandersetzen werden, der Trennungsgang der Metalle der Schwefelammongruppe etwas modifiziert werden.

Wir hatten auch bereits schon gezeigt, daß die Prüfungen auf Kohlensäure (vgl. S. 8), Flußsäure (vgl. S. 39) und Borsäure (vgl. S. 41) mit der Originalsubstanz anzustellen sind. Auch auf Essigsäure wird in der Originalsubstanz durch Verreiben mit festem $KHSO_4$ geprüft (vgl. S. 46).

Beim Nachweis der einzelnen Säuren im Sodaauszug kann man nicht so charakteristische Gruppenfällungen anstellen, wie wir sie beim Trennungsgang der Metalle besprochen haben. Man kann höchstens einige allgemeine Reaktionen ausführen, die für das Vorhandensein mehrerer Säuren sprechen. Es muß die Anwesenheit oder das Fehlen jeder einzelnen Säure dann außerdem durch besondere Nachweisverfahren sichergestellt werden.

Der Sodaauszug wird zunächst auf Anwesenheit von oxydierenden oder reduzierenden Anionen geprüft. Dies geschieht so, daß man zu einem Teil des mit verd. HCl vorsichtig neutralisierten Sodaauszuges im Reagenzglas tropfenweise alkoholische Jodlösung hinzufügt. Wird die Jodlösung entfärbt, so spricht diese Reaktion für die Anwesenheit von reduzierenden Säuren, wie Schwefelwasserstoffsäure, schweflige Säure und Thioschwefelsäure.

Zu einer anderen Probe des mit verdünnter HCl angesäuerten Sodaauszuges gebe man tropfenweise eine verdünnte Kaliumjodidlösung. Bei Anwesenheit von oxydierenden Anionen wird Jod in Freiheit gesetzt, das man an der Gelbfärbung erkennt. Man kann diese Reaktion verfeinern, wenn man gleichzeitig Schwefelkohlenstoff hinzusetzt und den Inhalt des Reagenzglases durchschüttelt. Das ausgeschiedene Jod färbt dann den Schwefelkohlenstoff violett. Man kann auch einige Tropfen einer Stärkelösung in die Flüssigkeit geben und beobachtet bei Anwesenheit oxydierender Säuren eine Blaufärbung der Flüssigkeit. Zu den oxydierenden Säuren gehören die salpetrige Säure, die Chromsäure, die Übermangansäure, die Ferrizyanwasserstoffsäure und die Arsensäure.

Ist ein oxydierendes Anion nachweisbar, so ist meist kein reduzierendes zu finden und umgekehrt, da die Anionen nicht nur auf das Jod bzw. Jodid einwirken (reduzieren und oxydieren), sondern nach Maßgabe der Mengen, in denen sie vorhanden sind, auch miteinander reagieren. Überwiegen die reduzierenden Anionen, so ist der Sodaauszug reduzierend, überwiegen die oxydierenden Säuren, so wirkt er oxydierend.

Im folgenden soll kurz der Nachweis für die wichtigsten Säuren im Sodaauszug erläutert werden, wobei auf Komplikationen nicht eingegangen wird.

Prüfung auf Cl′, Br′, J′ und SCN′.

Zunächst soll der Sodaauszug auf Halogensäuren geprüft werden. Man säuert einen Teil des Sodaauszuges im Reagenzglas mit verdünnter HNO_3 an und versetzt ihn mit einigen Kubikzentimetern einer Silbernitratlösung. Ein weißer bis gelber käsiger Niederschlag kann für die Anwesenheit von Chloriden, Bromiden, Jodiden und Rhodaniden sprechen, die man nun einzeln nachweisen muß. Eine neue Probe des Sodaauszuges wird zu diesem Zweck ebenfalls mit HNO_3 angesäuert und vorsichtig tropfenweise mit $AgNO_3$-Lösung versetzt. Der zuerst ausfallende Niederschlag wird durch ein kleines Filter abfiltriert. Ist er gelb gefärbt, so besteht er aus AgJ. Zu dem Filtrat dieses Niederschlags gebe man wieder einige Tropfen der $AgNO_3$-Lösung. Der Niederschlag wird wieder abfiltriert und auf seine Farbe untersucht. Ist er rein weiß, so spricht dies für die Anwesenheit von Chlorid und evtl. Rhodanid. Die Färbung des Silberbromids ist gelblich und kann sehr leicht, namentlich bei kleinen Bromidmengen, übersehen werden. Wir säuern daher in einer weiteren Probe des Sodaauszuges diesen mit verdünnter H_2SO_4 an, versetzen die Flüssigkeit mit 1 ccm Schwefelkohlenstoff und ganz vorsichtig tropfenweise mit Chlorwasser. Nach jedem Tropfen wird die Flüssigkeit in dem Reagenzglas durchgeschüttelt. Der allmählich auf den Boden des Reagenzglases sinkende Schwefelkohlenstoff ist bei Anwesenheit von Jodid violett gefärbt. Die Violettfärbung verschwindet durch ein oder mehrere erneut hinzugesetzte Chlorwassertropfen. Bei Gegenwart von Brom färbt sich der Schwefelkohlenstoff braun, bei weiterem Zusatz von Chlorwasser weingelb. Wir müssen nun noch entscheiden, ob SCN′ und Cl′ in dem Sodaauszuge enthalten sind. Zu dem Zwecke säuern wir wieder einen anderen Teil des Sodaauszuges mit verdünnter HCl an und versetzen ihn mit einer Ferrichloridlösung. Eine blutrote Färbung der Flüssigkeit beweist die Anwesenheit von SCN′ in der Analysensubstanz. Wir müssen bei Anwesenheit von Rhodanid noch den Nachweis auf Chlorid führen. Zu dem Zwecke wird eine Probe des Sodaauszuges mit schwefliger Säure angesäuert und mit CuSO$_4$-Lösung versetzt. Es fallen dabei Cupro-Rhodanid, CuSCN, und Cupri-Ferrozyanid, Cu$_2$[Fe(CN)$_6$], aus. Im Filtrat, das blau gefärbt sein muß und mit verdünnter HNO$_3$ angesäuert wird, kann man nun ohne Störung mit AgNO$_3$ auf Cl' prüfen.

Prüfung auf [Fe(CN)$_6$]''' und [Fe(CN)$_6$]''''.

Wir können bei der Prüfung auf SCN', also auf Zusatz von FeCl$_3$ zu der mit HCl angesäuerten Probe des Sodaauszuges, leicht erkennen, ob er auch noch [Fe(CN)$_6$]'''' enthält. Bildet sich nämlich dabei ein blauer Niederschlag, so besteht dieser aus dem Berlinerblau. Es ist damit die Ferrozyanwasserstoffsäure in der Analysensubstanz nachgewiesen. Im Anschluß hieran kann gleich in einer anderen, auch mit verdünnter HCl angesäuerten Probe des Sodaauszuges auf Ferrizyanwasserstoffsäure geprüft werden. Wir versetzen die Probe mit einigen Tropfen einer Ferrosulfatlösung; ein blauer Niederschlag von Turnbulls Blau würde die Anwesenheit von Ferrizyanwasserstoffsäure sicherstellen.

Prüfung auf NO$_3'$ und NO$_2'$.

Die Ferrosulfatlösung benutzen wir gleichzeitig, um auf Salpetersäure und salpetrige Säure zu prüfen. Wir versetzen eine weitere Probe des Sodaauszuges mit verdünnter Schwefelsäure und einigen Kubikzentimetern der frisch bereiteten Ferrosulfatlösung (kalt hergestellt!). Tritt eine Braunfärbung der Flüssigkeit ein, so ist salpetrige Säure in der Analysensubstanz vorhanden. Tritt keine Braunfärbung ein, so können wir auf die Abwesenheit von salpetriger Säure schließen und nun zur Prüfung auf Salpetersäure schreiten. Wir unterschichten die Flüssigkeit im schräggehaltenen Reagenzglase vorsichtig mit konz. H$_2$SO$_4$. Bei Anwesenheit von NO$_3'$ erscheint ein braunvioletter Ring an der Berührungsstelle zwischen der konz. Schwefelsäure und der wässerigen Lösung, der für Salpetersäure beweisend ist. Ist salpetrige Säure in der Analysensubstanz vorhanden, so muß diese vor Anstellung der Salpetersäurereaktion entfernt werden. Dies geschieht mit Hilfe einer Harnstofflösung, die man einer kleinen mit verdünnter Schwefelsäure angesäuerten Probe des Sodaauszuges zufügt. Unter lebhaftem Aufbrausen findet eine Zersetzung der salpetrigen Säure statt. Das entweichende Gas ist Stickstoff: $2\,HNO_2 + CO(NH_2)_2 = CO_2 + 2\,N_2 + 3\,H_2O$. Sobald das Aufbrausen beendet ist, versetzen wir diese Lösung mit der Ferrosulfatlösung; findet keine Braunfärbung der Flüssigkeit mehr statt, d. h. ist die salpetrige Säure vollkommen entfernt, so können wir die Ringprobe auf Salpetersäure anstellen.

Prüfung auf S'', SO$_3''$, SO$_4''$ und S$_2$O$_3''$.

Wir versetzen eine neue Probe des Sodaauszuges in einem Reagenzglas mit Salzsäure bis zur sauren Reaktion, wobei wir jetzt darauf achten, ob wir den Geruch von SO_2 feststellen, namentlich, wenn wir die Flüssigkeit schwach erwärmen und umschütteln. Auf diese Weise können wir entscheiden, ob schweflige Säure in der Analysensubstanz enthalten ist, denn H_2SO_3 zerfällt in Wasser und ihr Anhydrid SO_2, das sehr charakteristisch stechend riecht. Trübt sich gleichzeitig dabei die Lösung unter Bildung von milchig aussehendem, etwas opaleszierendem Schwefel, so ist sicher Thioschwefelsäure in der Analysensubstanz enthalten. Wir können dann aber nicht entscheiden, ob der Sodaauszug nicht noch gleichzeitig Sulfite aufweist. Doch wollen wir uns zunächst noch über die An- bzw. Abwesenheit der anderen Säuren des Schwefels unterrichten. Wir benutzen wieder eine Probe des mit verdünnter HCl angesäuerten Sodaauszuges und versetzen diese Probe mit einigen Tropfen einer Bariumchloridlösung. Entsteht ein weißer Niederschlag, so kann dies nur $BaSO_4$ sein. In einer anderen Probe prüfen wir auf evtl. vorhandenes Sulfid, indem wir den Sodaauszug mit Hilfe von verdünnter H_2SO_4 ganz schwach sauer machen. Entsteht unter Zusatz von $AgNO_3$-Lösung ein schwarzer Niederschlag, so verrät uns dieser die Anwesenheit von Sulfid. Auf die Anwesenheit von Sulfid würden wir bereits bei der Prüfung des Sodaauszuges auf die Säuren der Halogene aufmerksam gemacht worden sein. In diesem Falle würde dann bei gleichzeitiger Anwesenheit von Halogenensäuren der Niederschlag eine Mischfärbung aufweisen. Die Unterscheidung zwischen den einzelnen Säuren des Schwefels im Sodaauszug erfolgt nach dem auf S. 40 beschriebenen Verfahren.

Prüfung auf $(COO)_2''$.

Wir neutralisieren einen Teil des Sodaauszuges mit Essigsäure und versetzen die Flüssigkeit mit einer Calciumchloridlösung. Ein weißer Niederschlag ist für die Anwesenheit von Oxalsäure charakteristisch. Zur Identifizierung filtrieren wir den evtl. gebildeten Niederschlag, der aus $Ca(COO)_2$, CaF_2 und $CaSO_4$ bestehen kann, ab und behandeln ihn mit verdünnter H_2SO_4. Enthielt der Niederschlag $Ca(COO)_2$, so muß tropfenweise hinzugefügtes $KMnO_4$ durch das Filtrat beim Erwärmen entfärbt werden.

Prüfung auf SiO_3''.

Einen anderen Teil des Sodaauszuges versetzen wir mit einer Ammoniumchloridlösung. Entsteht nach längerem Stehen ein gallertartiger Niederschlag, so ist Kieselsäure in der Analysensubstanz.

Entfernung der Phosphor- und Oxalsäure.

Von großer Wichtigkeit für den Trennungsgang der Metalle ist die Prüfung auf Oxal- und Phosphorsäure Sind nämlich diese beiden Säuren in der Analysensubstanz vorhanden, so müssen nach der Entfernung der Metalle der Schwefelwasserstoffgruppe die Erdalkaliphosphate und -oxalate mit in den Schwefelammonniederschlag gehen. Denn diese beiden Säuren bilden mit den Erdalkalien Salze, die in Säuren leicht, in alkalischem Milieu dagegen schwer löslich sind. Da wir nun zur Ausfällung der Metalle der Schwefelammongruppe das salzsaure Filtrat der H_2S-Gruppe mit Ammoniak neutralisieren und alkalisch machen müssen, so enthält der Niederschlag, den wir durch den Ammoniak- und Schwefelammonzusatz erhalten, neben den Sulfiden bzw. Hydroxyden der Metalle der Schwefelammongruppe auch noch Erdalkaliphosphate bzw. -oxalate. Es würden auf diese Weise die Erdalkalien sich zum größten Teil dem Nachweis entziehen, wenn wir nicht beide Säuren vorher entfernen.

Die Entfernung der Phosphorsäure geschieht folgendermaßen: Der Sulfidniederschlag der Schwefelammongruppe wird in einer Porzellanschale abgeklatscht, mit verdünnter HNO_3 versetzt und schwach erwärmt. Es löst sich der gesamte Niederschlag bis auf Schwefel auf. Dann dampft man die Flüssigkeit etwas ein und setzt einige ccm konz. HNO_3 hinzu. In die klare Lösung trägt man allmählich unter starkem Rühren mit einem Glasstab metallisches Zinn ein. Dies geschieht solange, bis eine Probe der Flüssigkeit, die man mit Wasser verdünnt und filtriert, mit Ammoniummolybdat keine Phosphorsäurereaktion mehr gibt. Ist die Reaktion doch noch positiv, so muß man weiter HNO_3 und mehr Zinn hinzufügen. Das Zinn verwandelt sich dabei in unlösliche Zinnsäure, die beim Ausfallen die gesamte Phosphorsäure mitreißt. Die Flüssigkeit wird danach heiß filtriert, in dem Filtrat das überschüssige Zinn durch Einleiten von H_2S ausgefällt. Das Filtrat hiervon wird mit Ammoniak alkalisch gemacht und mit Schwefelammonium versetzt. Jetzt enthält der Niederschlag nur noch die Hydroxyde bzw. Sulfide der Schwefelammongruppe. Der Nachweis der Erdalkalien im Filtrat und der Trennungsgang der Metalle der Schwefelammongruppe im Niederschlag kann nach dem üblichen Verfahren nunmehr erfolgen.

Die Oxalsäure wird auch erst aus dem Schwefelammonniederschlag entfernt. Hierzu raucht man den in einer Porzellanschale abgeklatschten Schwefelammonniederschlag mit konz. H_2SO_4 ab. Die Oxalsäure wird dabei vollkommen zerstört. Die in dem Niederschlag befindlichen Erdalkalioxalate werden durch die H_2SO_4 in die Sulfate verwandelt. Nach dem Abkühlen behandelt man den Rückstand unter Erwärmen mit verdünnter HCl. Filtrieren wir die Flüssigkeit, so enthält das Filtrat die gesamten Metalle der Schwefelammongruppe als Chloride bzw. Sulfate, und auf dem Filter befinden sich die Erdalkalien als Sulfate, die nach dem auf S. 53 beschriebenen Verfahren aufgeschlossen werden. Die Trennung der Metalle der Schwefelammongruppe geht dann in gewöhnlicher Weise vonstatten (s. S. 59—61).

4*

Lösung der Analysensubstanz.

Es soll an dieser Stelle noch einmal betont werden, daß jede Fällungsreaktion mit einer klaren Lösung der Substanz angestellt werden muß. Wenn also die Analysensubstanz in fester Form vorliegt, so muß versucht werden, sie nach Möglichkeit vollkommen in Lösung zu bringen, bzw. muß festgestellt werden, ob sie einen oder mehrere Körper enthält, die unter den jeweils gegebenen Bedingungen schwer löslich sind. Die Löslichkeitsverhältnisse müssen, bevor man einen größeren Teil der Substanz zur Analyse löst, in Reagenzglasversuchen genau studiert werden.

Man beginnt damit, daß man eine Messerspitze der Substanz in ein Reagenzglas bringt, mit einigen ccm Wasser übergießt und zum Kochen erhitzt. Findet keine Lösung statt, so gebe man zunächst verdünnte HCl zu, koche weiter und verfolge, ob nun eine Lösung zu erkennen ist. Dies ist jetzt sehr oft nicht der Fall, es ist aber wichtig, nicht zu kurze Zeit zu kochen und das Reagenzglas gut zu schütteln, denn es können relativ sehr schwer angreifbare Oxyde in der Substanz enthalten sein, die nur allmählich in Lösung gehen. Führt auch die Behandlung mit verdünnter Salzsäure nicht zum Ziele, so versuche man mit einer neuen Probe der Substanz, ob sie in konz. Salzsäure löslich ist. Es ist aber dabei zu beachten, daß manche Körper, die in verdünnter HCl löslich sind, in konz. HCl ausfallen, wie z. B. $BaCl_2$.

Ist mit konz. HCl keine vollständige Lösung zu erhalten, so muß nunmehr mit verdünnter HNO_3, und zwar wieder mit einer neuen Probe der Substanz, die Lösung versucht werden. Findet keine Lösung statt, so muß die Substanz mit verdünnter HCl längere Zeit gekocht und dann filtriert werden. Filtrat und unlöslicher Rückstand werden dann getrennt weiter verarbeitet. Löst sich die Substanz in HNO_3, so dampft man die Lösung in einer Porzellanschale fast bis zur Trockne ein, übergießt sie dann mit etwa dem gleichen Volumen verdünnter HCl, dampft nochmals bis fast zur Trockne ein und nimmt dann abermals mit verdünnter HCl auf. Auf diese Weise wird die in der H_2S-Gruppe sehr störende HNO_3 vertrieben. Das ist deshalb wichtig, weil die HNO_3 den H_2S zu Schwefel oxydiert, der einen sehr störenden Ballast im weiteren Verlauf der Analyse bildet.

Sind Metalle der ersten Gruppe vorhanden, so lösen sie sich in HNO_3, fallen aber dann beim Aufnehmen mit HCl wieder aus. Es ist aber dennoch wichtig, den Versuch, die Analysensubstanz in HNO_3 zu lösen, anzustellen, weil Metalle, die in der Spannungsreihe hinter dem Wasserstoff stehen, durch HNO_3 oxydiert und gelöst werden und dann beim Aufnehmen mit Salzsäure als Chloride in Lösung bleiben.

In Salzsäure sind unlöslich: 1. die Metalle der ersten Gruppe, die die schwer löslichen Chloride bilden; 2. Erdalkalisulfate und Bleisulfat, Verbindungen, die sich aus den einzelnen Bestandteilen der Analysensubstanz beim Auflösen bilden bzw. von vornherein enthalten sein können; 3. die eben erwähnten edleren Metalle.

Behandlung des unlöslichen Rückstandes.

Der in der Salzsäure unlösliche Rückstand muß sorgfältig abfiltriert und auf dem Filter mit wenig kaltem Wasser gewaschen werden. In dem Filtrat wird durch Zugeben von etwas Salzsäure geprüft, ob keine weitere Fällung mehr erfolgt und dann das Filtrat, sofern die Fällung vollkommen war, nach dem weiter unten beschriebenen Verfahren behandelt.

In dem unlöslichen Rückstand wird zuerst geprüft, ob Metalle der ersten Gruppe enthalten sind. Zunächst muß der Rückstand daher mit kochendem Wasser übergossen werden, das man zweimal heiß durch dasselbe Filter laufen läßt. Auf diese Weise wird alles $PbCl_2$, das in heißem Wasser leicht löslich ist, entfernt. Im Filtrat fällt meist bei genügender Konzentration in der Kälte das $PbCl_2$ wieder aus, ferner läßt sich das gelöste $PbCl_2$ durch SO_4'' als weißes $PbSO_4$ und durch CrO_4'' als gelbes $PbCrO_4$ ausfällen. In einem kleinen Teil des unlöslichen Rückstandes prüfe man, ob mit NH_4OH eine Schwarzfärbung auftritt, die für Hg sprechen würde, und ob das Filtrat dieses Ammoniakauszugs, mit HNO_3 angesäuert, einen weißen Niederschlag liefert, der dann aus AgCl bestehen muß und damit die Anwesenheit von Ag in der Analyse beweisen würde.

Es ist nun in dem ungelöstem Rückstand noch der Nachweis zu führen, ob noch andere Bestandteile in ihm enthalten sind. Für uns kommen noch $PbSO_4$ und die Erdalkalisulfate $SrSO_4$ und $BaSO_4$ in Frage, evtl. noch $CaSO_4$, wenn größere Mengen vorhanden sind. Zunächst prüfen wir auf $PbSO_4$, d. h. behandeln den ungelöst zurückgebliebenen Rückstand zu diesem Zweck mit einer stark ammoniakalisch gemachten Weinsäurelösung, indem man diese Weinsäurelösung mehrmals durch dasselbe Filter über den Rückstand gießt. Das Bleisulfat geht als komplexes Bleitartrat in Lösung und kann durch Ansäuern mit H_2SO_4 wieder als weißes $PbSO_4$ gefällt werden.

Man prüft nunmehr den Rückstand wieder auf seine Flammenfärbung. Da $BaSO_4$ und $SrSO_4$ in der Hitze nicht flüchtig sind und auch mit HCl nur sehr schwer in flüchtige Chloride übergehen, so müssen zunächst $BaSO_4$ und $SrSO_4$ durch Glühen in der leuchtenden Bunsenflamme zu BaS und SrS reduziert werden. Diese lassen sich durch Befeuchten mit konz. HCl in die in der Hitze leicht flüchtigen Chloride überführen, die dann durch die Flammenfärbung nachgewiesen werden können.

Es ist nunmehr in jedem Falle, gleichgültig, ob die Flammenfärbung eindeutig war oder nicht, der Rückstand mit etwa der fünffachen Menge von Na_2CO_3 und K_2CO_3 (Sodapottaschemischung) in einem Porzellantiegel auf dem Gebläse zusammenzuschmelzen. Man führt die Schmelzung etwa 10 Minuten durch, läßt den Tiegel erkalten und löst die Schmelze in kochendem Wasser, indem man den Tiegel mit seinem Inhalt längere Zeit in einer mit Wasser gefüllten Porzellanschale unter Ersatz des verdampfenden Wassers kocht. Bei dieser Behandlung gehen die Alkalikarbonate in Lösung, außerdem das während der Schmelzung entstandene Na_2SO_4 und K_2SO_4. Zurück bleiben dann nur Körper, die auf diese Weise nicht aufgeschlossen werden können und evtl. Bariumkarbonat bzw. Strontiumkarbonat nach der Gleichung:

$$BaSO_4 + Na_2CO_3 = BaCO_3 + Na_2SO_4.$$

Man muß nun diesen unlöslichen Niederschlag sehr gut mit Wasser auswaschen, bis das Filtrat SO_4''-frei ist, da bei Gegenwart von SO_4'' sich diese Ionen bei Lösung der Karbonate in HCl mit den Erdalkaliionen wieder zum unlöslichen Erdalkalisulfat vereinigen.

Die in HCl gelösten Erdalkalikarbonate werden nach der Methode, die später besprochen wird, getrennt und einzeln nachgewiesen.

Es können im unlöslichen Rückstand außer den genannten noch verschiedene andere Verbindungen enthalten sein, wie Silikate, stark geglühte Oxyde usw., die aber hier nicht behandelt werden sollen.

Trennungsgang der Metalle.

Das Prinzip, das dem Trennungsgang für Metalle zugrunde liegt, ist folgendes:

Zuerst werden durch Salzsäure die schwer löslichen Chloride abgeschieden, d. h. Ag, Hg und Pb entfernt. In dem salzsauren Filtrat wird durch Einleiten von H_2S die Schwefelwasserstoffgruppe als Sulfidniederschlag gefällt. Dadurch werden Hg, Pb, Cu, Bi, Cd, As, Sb und Sn entfernt. Dieser Sulfidniederschlag läßt sich durch $(NH_4)_2S$ in zwei weitere Gruppen teilen, und zwar in die Kupfergruppe und die Zinngruppe. Das Filtrat der H_2S-Gruppe wird ammoniakalisch gemacht und durch überschüssiges $(NH_4)_2S$ werden die Sulfide und Hydroxyde der dritten Gruppe gefällt. Auf diese Weise werden Co, Ni, Fe, Mn, Al, Cr und Zn abgetrennt. In dem Filtrat der Ammonsulfid-Niederschläge sind nur noch die Erdalkalien zu fällen, und zwar durch $(NH_4)_2CO_3$. Im Filtrat hiervon befinden sich dann schließlich Mg und die Alkalien.

Da im Filtrat einer jeden Gruppe die nächste Gruppe nachgewiesen werden muß, so ist jeder Niederschlag unbedingt sehr gut auszuwaschen, da sonst in der Flüssigkeit zwischen den Niederschlagsteilchen sich beträchtliche Mengen der jeweils nächsten Gruppe befinden können. Andererseits muß man sich hüten, mit zu großen Füssigkeitsmengen zu waschen, da die Niederschläge unter Umständen zu einem geringen Teil doch in Lösung gehen können. Außerdem ist es schwer, in sehr verdünnten Lösungen die einzelnen Metalle nachzuweisen. Gegebenenfalls muß man die Lösungen durch Eindampfen in einer Porzellanschale konzentrieren. In jedem Falle ist es empfehlenswerter, mehrmals mit kleinen Mengen Waschflüssigkeit die Niederschläge auszuwaschen, als einmal mit einer größeren.

Bei allen Fällungsreaktionen muß darauf geachtet werden, daß immer ein Überschuß des Fällungsmittels vorhanden ist. So muß z. B. das Filtrat der Schwefelammonfällung immer deutlich gelb gefärbt sein. Verrät das Fällungsmittel nicht so einfach wie das $(NH_4)_2S$ seinen Überschuß durch seine Farbe, so muß jedesmal im Filtrat einer Fällung durch Zusatz des Fällungsmittels geprüft werden, ob die Fällung vollständig ist. Oft ist es dann wieder wichtig, den Überschuß des Fällungsmittels zu entfernen. Ein Beispiel hierfür ist die Ausfällung des Mg durch $Ba(OH)_2$. Dieses muß man durch Ammonkarbonat erst wieder entfernen, ehe man zur Prüfung auf die Alkalien schreiten kann.

I. Gruppe, Salzsäuregruppe.

Im Niederschlag der ersten Gruppe können als Chloride enthalten sein Ag, einwertiges Hg und zweiwertiges Pb. Um zunächst $PbCl_2$ zu entfernen, ziehen wir den Niederschlag durch mehrmaliges Übergießen mit heißem Wasser aus. Man gieße dabei das gleiche Wasser mehrmals heiß über den Niederschlag durch das Filter. Zu dem Filtrat füge man in einer Probe verdünnte H_2SO_4 zu, die dann bei Gegenwart von Blei einen weißen Niederschlag von $PbSO_4$ gibt, zu einer anderen Probe gebe man konz. Natriumazetatlösung und K_2CrO_4-Lösung. Bei Anwesenheit von Pb fällt dann gelbes $PbCrO_4$ aus. Das Natriumazetat dient zur Abstumpfung der stark sauren Reaktion der HCl (vgl. S. 10).

Der Niederschlag wird dann mit Ammoniak übergossen, wobei das NH_4OH mehrmals durch das gleiche Filter zu gießen ist. Färbt sich der Niederschlag schwarz, so deutet das auf die Anwesenheit von Hg. Gibt das Filtrat bei Zusatz von HNO_3 einen weißen, käsigen Niederschlag, so ist in der Analyse auch Ag enthalten.

I. Rückstand: $AgCl$, $HgCl$, $PbCl_2$.	**II. Rückstand: $HgCl$, $AgCl$.**
Auf dem Filter mit heißem Wasser.	Übergießen mit NH_4OH. Schwarzfärbung: $Hg + HgNH_2Cl$.
I. Filtrat: $PbCl_2$.	**II. Filtrat: $[Ag(NH_3)_2]Cl$.**
1. Mit H_2SO_4: weißer Niederschlag von $PbSO_4$. 2. Mit Natriumazetat und K_2CrO_4: gelber Niederschlag von $PbCrO_4$.	Zufügen von HNO_3: weißer, käsiger Niederschlag von $AgCl$.

II. Gruppe, Schwefelwasserstoffgruppe.

Zur II. Gruppe gehören die Metalle Hg, Pb, Bi, Cu, Cd, deren Sulfide in gelbem Ammonsulfid unlöslich sind, und As, Sb, Sn, deren Sulfide sich darin unter Bildung von Sulfosalzen lösen.

Die gesamten Sulfide sind durch H_2S in salzsaurer Lösung fällbar; man leitet dazu in langsamem Strome etwa 20 Minuten lang H_2S in die 50—60° heiße Lösung ein. Da die Fällbarkeit stark von der Säurekonzentration abhängt, so muß man nach dieser Zeit einen kleinen Teil des Niederschlages abfiltrieren, das Filtrat im Reagenzglas mit Wasser etwa fünffach verdünnen und dann durch erneutes Einleiten von H_2S prüfen, ob in dem klaren Filtrat eine weitere Ausfällung von Sulfiden erfolgt. Ist das der Fall, so muß die ganze Flüssigkeit entsprechend verdünnt und das H_2S-Einleiten weiter fortgeführt werden. Man muß oft bis zu großen Verdünnungen gehen, vor allem, wenn Cd in der Analyse vorhanden ist, da CdS nur in sehr schwach salzsaurer Lösung fällbar ist. Wenn diese starke Verdünnung bei Gegenwart von Cd nötig gewesen ist, so muß das Filtrat der H_2S-Gruppe durch Eindampfen in Porzellanschalen konzentriert werden.

Das Gemisch der Sulfid-Niederschläge wird mit H_2S-haltigem Wasser gewaschen, das man sich durch Einleiten von Schwefelwasserstoff in destilliertes Wasser herstellt. Das Waschen mit H_2S-Wasser ist deshalb nötig, weil in destilliertem Wasser sehr leicht Sulfide kolloidal in Lösung gehen können. Nach dem Auswaschen wird der Niederschlag in einer Porzellanschale abgeklatscht und reichlich mit gelbem Ammonsulfid übergossen. Unter gelindem Erwärmen (man muß die Porzellanschale immer mit der Hand anfassen können) und Umrühren mit einem Glasstab wird das Ammonsulfid etwa 10 Minuten auf dem Niederschlage gelassen und dann abfiltriert. Der Rückstand besteht aus den Sulfiden von Hg — Cd, in dem Filtrat sind die Sulfide von As, Sb und Sn enthalten, die als Sulfosalze in Lösung gegangen sind (die weitere Verarbeitung dieses Filtrats s. S. 58).

Der Rückstand wird mit H_2S-Wasser noch einmal gewaschen, filtriert, und in einer Porzellanschale abgeklatscht, mit verd. HNO_3 (1 Teil konz. HNO_3 und 2 Teile H_2O) übergossen und erwärmt; es bleibt dann ungelöst nur schwarzes HgS im Verein mit Schwefel zurück, die anderen Sulfide sind als Nitrate in Lösung gegangen.

Das schwarze HgS wird nach Verdünnen der HNO_3 mit Wasser (um eine Zerstörung des Filtrierpapiers durch die konz. Säure zu vermeiden) abfiltriert, in eine Porzellanschale abgeklatscht und mit Königswasser übergossen. Das Königswasser wird fast bis zur Trockne eingedampft und der Rückstand mit verdünnter HCl aufgenommen. Dann versetzt man die Lösung mit einer salzsauren Lösung von $SnCl_2$. Ein weißer bis grauer Niederschlag deutet auf Hg hin. Der Niederschlag besteht aus HgCl bzw. einem Gemisch mit metallischem Hg oder nur aus metallischem Hg. In diesem Falle ist der Niederschlag schwarz.

Das Filtrat kann nun noch Pb, Bi, Cu, Cd als Nitrate enthalten. Eine kleine Probe wird im Reagenzglas mit verdünnter H_2SO_4 übergossen.

Das Auftreten eines weißen Niederschlages deutet auf Pb hin, das entfernt werden muß. Man versetzt dann das ganze Filtrat mit verdünnter H_2SO_4 und dampft es auf ein kleines Volumen ein, bis dicke, weiße Dämpfe von Schwefelsäure entweichen. Nach dem Erkalten verdünnt man mit wenig Wasser. Die Lösung muß wirklich erkaltet sein, und außerdem muß man den Wasserzusatz sehr vorsichtig ausführen, da bekanntlich die Mischung von konz. H_2SO_4 mit Wasser unter sehr starker Wärmeentwicklung vor sich geht, so daß leicht von der Flüssigkeit etwas verspritzen kann. Das auf dem Filter hinterbleibende $PbSO_4$ wird mit einer ammoniakalisch gemachten Weinsäurelösung gelöst und die Lösung mit K_2CrO_4 versetzt; ein gelber Niederschlag zeigt dann das Pb als $PbCrO_4$ an.

Ist kein Pb nachweisbar, so unterbleibt der Zusatz von H_2SO_4, und die salpetersaure Lösung wird genau so wie das Filtrat des $PbSO_4$ mit Ammoniak neutralisiert und alkalisch gemacht. Das Entstehen eines weißen Niederschlags deutet auf $Bi(OH)_3$. Dies wird abfiltriert und mit einer Lösung von Alkalistannit übergossen (Herstellung der Lösung siehe S. 14). Eine Schwarzfärbung zeigt das Entstehen von metallischem Bi an.

Ist Cu vorhanden, so ist das mit Ammoniak versetzte Filtrat intensiv kornblumenblau gefärbt, und zwar durch Bildung des Komplexes $[Cu(NH_3)_4]^{\cdot\cdot}$. Gleichzeitig kann in der Lösung noch das $[Cd(NH_3)_6]^{\cdot\cdot}$ enthalten sein. Die blaue Färbung ist für Cu unbedingt beweisend. Zur Trennung des Cd vom Cu muß die Lösung mit H_2SO_4 stark angesäuert werden, wobei sie sich entfärbt. Nun wird H_2S eingeleitet. Dabei fällt zunächst das schwarze CuS aus, während das Cd wegen der stark sauren Reaktion der Lösung nicht als Sulfid fällbar ist. Das CuS wird abfiltriert und eine Probe des Filtrats mit Ammoniak alkalisch gemacht. Es darf dabei keine Blaufärbung mehr eintreten, da sonst das Cu nicht vollkommen als Sulfid entfernt ist. Das sicher Cu-freie Filtrat wird dann stark mit Wasser verdünnt und H_2S von neuem eingeleitet. Das Auftreten eines leuchtend gelben Niederschlages (CdS) beweist das Vorhandensein des Cd.

I. Niederschlag: HgS, PbS, Bi_2S_3, CuS, CdS, As_2S_3 (As_2S_5), Sb_2S_3 (Sb_2S_5) und SnS (SnS_2). Behandeln mit warmem, gelbem Schwefelammon. Filtrieren.

I. Filtrat: As, Sb, Sn als Sulfosalze. Weitere Behandlung siehe S. 58.

I. Rückstand: HgS, PbS, Bi_2S_3, CuS, CdS. Erwärmen mit verd. HNO_3. Filtrieren.

II. Rückstand:	**II. Filtrat:**	**III. Filtrat:**	**IV. Filtrat:**
HgS, schwarz.	Pb, Bi, Cu, Cd als Nitrate.	Bi, Cu, Cd als Sulfate.	Cu als $[Cu(NH_3)_4]^{\cdot\cdot}$, Cd als $[Cd(NH_3)_6]^{\cdot\cdot}$.
Lösen in Königswasser, versetzen mit $SnCl_2$: grauer bis schwarzer Niederschlag von HgCl bzw. Hg.	Versetzen mit verdünnter H_2SO_4, einengen, filtrieren.	Alkalisieren mit NH_4OH. Filtrieren.	Kornblumenblaue Färbung von $[Cu(NH_3)_4](OH)_2$.

II. Niederschlag: PbSO$_4$, weiß.	III. Niederschlag: Bi(OH)$_3$.	IV. Filtrat (Fortsetzung).
Lösen mit ammoniakalischer Weinsäurelösung. Versetzen mit K$_2$CrO$_4$: gelber Niederschlag von PbCrO$_4$.	Übergießen mit Alkalistannitlösung. Schwarzfärbung durch metallisches Bi.	Ansäuern mit H$_2$SO$_4$, einleiten von H$_2$S, abfiltrieren des CuS, stark verdünnen mit Wasser; es fällt gelbes CdS.

Die in gelbem Schwefelammon als Sulfosalze gelösten Sulfide von Arsen, Antimon und Zinn werden mit verdünnter Salzsäure wieder gefällt, abfiltriert, abgeklatscht und in einer Porzellanschale mit konz. HCl etwa 3 Minuten gekocht. Es lösen sich dabei Antimon- und Zinnsulfid als Chloride, während das Arsensulfid im Verein mit Schwefel als gelber Rückstand übrigbleibt. Der Niederschlag wird mit konz. Salpetersäure in einer Porzellanschale fast bis zur Trockne eingedampft und mit wenig Wasser aufgenommen. Dabei wird das gesamte Arsen oxydiert und ist als Arsensäure in der Lösung. Ein Teil dieser Lösung (evtl. vorhandener Schwefel wird abfiltriert) wird mit verd. HNO$_3$ und einem reichlichen Überschuß von Ammoniummolybdatlösung versetzt und erhitzt; dabei scheidet sich bei Anwesenheit von Arsen das gelbe Ammonium-Arsenomolybdat ab. Ein anderer Teil der Lösung wird mit Ammoniak alkalisch gemacht und mit Magnesiamixtur versetzt (s. S. 16). Ist Arsen in der Analysensubstanz vorhanden, so scheiden sich weiße Kristalle von NH$_4$MgAsO$_4$ ab.

Die wässerige Lösung, die Antimon und Zinn als Chloride gelöst enthalten kann, wird mit einem kleinen Stück metallischen Zinks versetzt. Es setzt eine lebhafte Wasserstoffentwicklung ein, und allmählich scheiden sich metallische Flocken von Antimon und Zinn ab. Man wartet, bis die Abscheidung der Flocken sich nicht mehr verstärkt. Das Zink und die schwarzen Metallflocken werden abfiltriert, abgeklatscht und mit konz. Salzsäure in einer Porzellanschale gekocht. Dabei löst sich nur das Zinn auf mit dem Rest des Zinkstückchens (vgl. die Stellung des Sn in der Spannungsreihe S. 19), während Antimon ungelöst zurückbleibt. Die konz. Salzsäurelösung wird mit Wasser verdünnt, filtriert und mit einer Sublimatlösung versetzt. Ein weißer bis grauer Niederschlag von HgCl bzw. einem Gemisch von HgCl und Hg zeigt die Anwesenheit von Sn an.

Das in der HCl ungelöst zurückgebliebene Sb wird durch Kochen in konz. HNO$_3$ in Lösung gebracht und die Lösung stark eingedampft, dann mit Wasser verdünnt, mit NaOH alkalisch gemacht, mit verdünnter HCl wieder schwach angesäuert und mit H$_2$S behandelt. Ein orangeroter Niederschlag deutet auf die Anwesenheit von Sb.

I. Lösung:

Sulfosalze von **As**, **Sb** und **Sn**. Versetzen mit verd. HCl. Filtrieren.

I. Niederschlag: As_2S_3, Sb_2S_3 und SnS bzw. As_2S_5, Sb_2S_5 und SnS_2.

3 Min. kochen mit konz. HCl. Filtrieren.

II. Lösung:

Sb und **Sn** als Chloride. Zufügen eines Stückchen Zinks. Filtrieren.

II. Niederschlag:

Schwarze Flocken von metallischem **Sb** und **Sn**. Kochen mit konz. HCl, mit H_2O verdünnen. Filtrieren.

III. Lösung:

$SnCl_2$. Versetzen mit $HgCl_2$-Lösung: weißer bis grauer Niederschlag von HgCl bzw. Hg oder eines Gemisches von beiden.

I. Rückstand:

As_2S_3 mit konz. HNO_3 eindampfen, fast bis zur Trockne, aufnehmen mit Wasser.

a) Versetzen mit Ammoniummolybdat, gelber Niederschlag von Ammoniumarsenomolybdat.

b) Alkalisieren mit Ammoniak, versetzen mit Mg-Mixtur, weißer Niederschlag von $MgNH_4AsO_4$.

II. Rückstand:

Metallisches **Sb**. Lösen in kochender konz. HNO_3, alkalisieren mit NaOH, ansäuern mit verdünnter HCl, einleiten von H_2S: orangeroter Niederschlag von Sb_2S_3.

III. Gruppe, Schwefelammon-Gruppe.

Das Filtrat der H_2S-Gruppe wird mit NH_4Cl versetzt (um zu verhindern, daß bei der alkalischen Reaktion $Mg(OH)_2$ ausfällt, vgl. S. 32) und mit NH_3 alkalisch gemacht. Hierbei bildet sich sehr oft ein Niederschlag, der aus Hydroxyden der Metalle der $(NH_4)_2S$-Gruppe besteht. Auf den weiteren Gang der Analyse ist dies ohne Einfluß. Dann wird ein reichlicher Überschuß von gelbem Schwefelammon hinzugefügt; es fällt ein meistens schwarzer Niederschlag aus, der aus den Sulfiden von Co, Ni, Fe, Mn, Zn und den Hydroxyden von Al und Cr bestehen kann. Das Filtrat des Niederschlags muß gelb gefärbt sein, damit erkenntlich ist, daß das Schwefelammon im Überschuß vorhanden ist und wir also sicher sind, die Metalle der Schwefelammongruppe quantitativ ausgefällt zu haben. Sollte das Filtrat nicht gelb gefärbt sein, so muß man neues Schwefelammon hinzufügen, das einen neuen Niederschlag erzeugt, der dann mit dem ersten vereinigt wird. Bisweilen ist das Filtrat dunkelbraun gefärbt; es sind dann NiS und CoS kolloidal in Lösung gegangen. Zur Entfernung dieser beiden Sulfide versetzt man das Filtrat reichlich mit festem Ammoniumacetat und kocht es längere Zeit in einem Becherglase unter Ersatz des verdampfenden Wassers. Dabei ballen sich die kolloiden Sulfide zusammen und bleiben beim Filtrieren auf dem Filter. Man vereinigt diesen Rückstand mit dem zuerst erhaltenen Sulfidniederschlag, klatscht die Sulfide ab und behandelt sie in einer Porzellanschale mit 2 n-HCl (7 %), d. h. man verdünnt die konz. HCl 1 : 5. Es gehen dabei alle Sulfide und Hydroxyde in Lösung bis auf Kobalt- und

Nickelsulfid. Die schwarzen Sulfide von Kobalt und Nickel werden abfiltriert und in einer Porzellanschale mit wenig Königswasser übergossen und erwärmt, wobei sie in Lösung gehen. Es scheidet sich dabei etwas Schwefel in gelben Flocken ab, der nach dem Verdünnen der Lösung mit Wasser abfiltriert wird. Ein Teil des Filtrats wird mit NH_3 alkalisch gemacht und mit einigen ccm des Nickelreagenzes versetzt und gekocht. Ein roter N. zeigt die Gegenwart von Ni an. Ein anderer Teil der Lösung wird in einer Porzellanschale zur Trockne eingedampft; mit dem Rückstand wird die Phosphorsalzperlreaktion angestellt. Ist Co vorhanden, so färbt sich die Perle tiefblau.

Das salzsaure Filtrat, das die Metalle der $(NH_4)_2S$-Gruppe, mit Ausnahme also von Ni und Co, als Chloride gelöst enthält, wird mit NaOH im Überschuß alkalisch gemacht und sofort mit etwa der gleichen Menge einer Wasserstoffsuperoxydlösung versetzt. Dann erhitzt man kurze Zeit bis zum Kochen und filtriert den Rückstand ab, der aus $Fe(OH)_3$ und $MnO(OH)_2$ besteht. In der Lösung befinden sich Natriumaluminat, Natriumchromat und Natriumzinkat.

In dem Niederschlag können Fe und Mn ohne weitere Trennung nebeneinander nachgewiesen werden. Eine kleine Menge des Rückstandes wird mit etwa der fünffachen Menge einer Sodasalpetermischung verrieben und am Magnesiastäbchen geglüht. Bei Anwesenheit von Mn färbt sich die Schmelze intensiv grün durch Bildung des grünen Alkalimanganats. Ein anderer Teil des Niederschlags wird mit etwas festem Bleidioxyd, PbO_2, und konz. HNO_3 in einem Reagenzglase gekocht. Es entsteht eine Violettfärbung durch Permanganat.

Eine weitere Probe des Niederschlags löst man in verdünnter HCl und versetzt einen Teil dieser Lösung mit einigen Tropfen einer Ammoniumrhodanidlösung. Bei Anwesenheit von Fe entsteht eine blutrote Färbung durch $Fe(SCN)_3$. Den anderen Teil der Lösung versetze man mit einigen ccm einer Lösung von $K_4[Fe(CN)_6]$. Es entsteht ein Niederschlag von Berliner-Blau. Beide Reaktionen sind sehr empfindlich und zeigen außerordentlich geringe Mengen von Eisen an. Wir sind daher nur berechtigt, Eisen anzugeben, wenn beide sehr deutlich ausfallen, d. h. wenn wir größere Eisenmengen annehmen können.

Die Lösung, die nun noch Alkalialuminat, -chromat und -zinkat enthalten kann, wird ohne weitere Trennuug der drei Metalle auf Aluminium, Chrom und Zink untersucht. Ist in dem Filtrat Chrom als Chromat enthalten, so ist es gelb gefärbt. Es muß immer, gleichgültig, ob die Gelbfärbung deutlich ist oder nicht, auf Chrom geprüft werden. Man säuert einen Teil der Lösung in einem Reagenzglas mit verdünnter H_2SO_4 an, überschichtet mit Äther und gibt H_2O_2 hinzu. Nach Umschütteln färbt sich der Äther durch die entstandene Überchromsäure blau.

Zum Nachweis von Zn wird ein anderer Teil der Lösung mit verdünnter HCl angesäuert und mit einer Lösung von gelbem Blutlaugensalz, $K_4[Fe(CN)_6]$, versetzt. Ein weißer Niederschlag von Zink-Kaliumferrozyanid zeigt die Anwesenheit von Zink an. Die Lösung färbt sich meistens nach dem Hinzufügen der Kaliumferrozyanidlösung etwas grünlich. Diese Farbe rührt von geringen Eisenspuren her.

Zur Prüfung auf Aluminium versetze man den Rest des Filtrats reichlich mit festem Ammoniumchlorid. Die Flüssigkeit wird einige Minuten gekocht, wobei eine starke Ammoniakentwicklung stattfindet. Bei Anwesenheit von Aluminium bildet sich ein Niederschlag von weißem $Al(OH)_3$. Dieses wird noch folgendermaßen identifiziert: Der N. wird abfiltriert, ein Stückchen des Filters mit dem darauf befindlichen Niederschlag an einem Magnesiastäbchen in der Flamme getrocknet, dann mit einem Tropfen stark verdünnter Kobaltnitratlösung befeuchtet und kräftig geglüht. Ein blauer Saum der Asche zeigt die Bildung von Thénards-Blau, Kobalto-Aluminat, an.

I. Niederschlag: Die Sulfide von **Co, Ni, Fe, Mn** und **Zn** und die Hydroxyde von **Al** und **Cr** mit 2 nHCl versetzen. Filtrieren.

I. Rückstand:

CoS und **NiS** mit Königswasser versetzen, verdünnen, filtrieren.

a) Einen Teil mit NH_3 alkalisieren und mit Nickelreagenz versetzen: roter Niederschlag.

b) Restlösung zur Trockne verdampfen, Phosphorsalzperlreaktion anstellen. Blaue Perle beweist Co.

I. Lösung:

Enthält die Chloride von **Fe, Mn, Cr, Al** und **Zn**. Versetzen mit Überschuß von NaOH und H_2O_2. Erwärmen und filtrieren.

II. Rückstand:

$Fe(OH)_3$ und $MnO(OH)_2$.

a) Mit dem Rückstand Oxydationsschmelze am Magnesiastäbchen ausführen. Grüne Schmelze zeigt Mn an.

b) Rückstand mit PbO_2 im Reagenzglas mit konz. HNO_3 kochen. Violettfärbung zeigt Mn als MnO_4' an.

c) Letzten Teil des Rückstandes in verdünnter HCl lösen. Lösung in zwei Teile teilen.

d) Mit KSCN-Lösung versetzen, blutrote Färbung beweist Eisen.

e) Mit $K_4[Fe(CN)_6]$ versetzen. Ein blauer Niederschlag von Berliner-Blau ist für Eisen charakteristisch.

II. Lösung:

Enthält Na_2CrO_4, Na_2ZnO_2 und Na_3AlO_3.

Prüfung auf Cr:
Mit H_2SO_4 ansäuern, mit Äther überschichten und H_2O_2 versetzen. Blaufärbung des Äthers durch Überchromsäure.

Prüfung auf Zn:
Mit HCl ansäuern und $K_4[Fe(CN)_6]$ versetzen. Weißer Niederschlag von $K_2Zn_3[Fe(CN)_6]_2$.

Prüfung auf Al:
Rest der Lösung mit NH_4Cl versetzen und kochen. Weißer Niederschlag von $Al(OH)_3$. Ein Teil des Niederschlags wird mit dem Filtrierpapier am Magnesiastäbchen getrocknet und mit wenig $Co(NO_3)_2$ geglüht. Blauer Saum der Asche, Thénards Blau, beweist Al.

IV. Gruppe, Ammoniumkarbonatgruppe.

Das Filtrat der Schwefelammongruppe enthält einen großen Überschuß von Schwefelammon, der entfernt werden muß. Man säuert die Lösung mit verdünnter HCl an, wobei sich H_2S entwickelt und die Lösung sich durch den Schwefel, der aus den Polysulfiden entsteht, milchig weiß trübt. Der Schwefel bleibt zum Teil kolloidal in Lösung. Um ihn abfiltrieren zu können, gebe man in die Lösung einige Filtrierpapierschnitzel hinein und koche die Flüssigkeit auf die Hälfte ihres Volumens ein. Nach dem Filtrieren erhält man eine absolut klare und ungefärbte Lösung, die nun noch die Erdalkalien, Magnesium und die Alkalien enthalten kann.

Man versetze dieses Filtrat in der Siedehitze mit einem großen Überschuß einer $(NH_4)_2CO_3$-Lösung, die die Erdalkalien als Karbonate fällt. Das Magnesium scheidet sich unter diesen Bedingungen nicht als Karbonat ab, sondern bleibt in Lösung, da es nach S. 32 bei dem vorhandenen Überschuß von Ammoniumchlorid als Karbonat nicht fällbar ist. (Das Ammoniumchlorid hat sich beim Behandeln des Filtrats der Schwefelammongruppe mit der Salzsäure gebildet.) Der Karbonatniederschlag wird abfiltriert und auf dem Filter durch verdünnte Essigsäure in Lösung gebracht. Die Lösung enthält also nun die Azetate der Erdalkalien, während das Filtrat des Karbonatniederschlags nur noch Magnesium und die Alkalien aufweisen kann, deren Trennung weiter unten beschrieben wird.

Die Lösung der Azetate der Erdalkalien wird mit festem Natriumazetat und einer Kaliumchromatlösung versetzt. Es scheidet sich gelbes Bariumchromat ab, das in verdünnter Salzsäure löslich ist. Das Filtrat, das durch den Überschuß von Kaliumchromat gelblich gefärbt ist, kann nunmehr noch Strontium und Calcium enthalten. Man prüfe erst einen Teil des Filtrats mit einer Gipswasserlösung. Ist Strontium vorhanden, so entsteht ein weißer Niederschlag von Strontiumsulfat. War diese Reaktion positiv, so muß aus dem gesamten Filtrat des Bariumchromatniederschlages das Strontium vom Calcium getrennt werden. Dies geschieht durch Versetzen des Filtrats mit einer gesättigten Ammoniumsulfatlösung. Das Strontium fällt als Strontiumsulfat aus, während das Calcium unter diesen Umständen in Lösung bleibt. Das ausgeschiedene, abfiltrierte Strontiumsulfat wird durch die Flammenfärbung (s. S. 43) identifiziert. Das Filtrat des Strontiumsulfatniederschlags wird nun noch auf Calcium in folgender Weise geprüft: Es wird mit einer Ammoniumoxalatlösung versetzt, die bei Gegenwart von Calcium einen weißen, kristallinen Niederschlag von Calciumoxalat erzeugt. Mit diesem Niederschlag ist auch die Flammenfärbung anzustellen. Zu dem Zwecke glüht man den Niederschlag am

Magnesiastäbchen und befeuchtet ihn nach dem Glühen vorsichtig mit verdünnter HCl. Eine ziegelrote Flammenfärbung ist für Calcium charakteristisch.

I. Niederschlag: BaCO$_3$, SrCO$_3$ und CaCO$_3$. In verdünnter Essigsäure lösen, mit Natriumazetat und Kaliumchromatlösung versetzen. Filtrieren.

II. Niederschlag:	**III. Niederschlag:**
BaCrO$_4$, gelb.	SrSO$_4$, Identifizierung durch Flammen- färbung.
I. Lösung:	**II. Lösung:**
Enthält die Azetate von **Sr** und **Ca**. Mit konz. Ammoniumsulfatlösung versetzen. Filtrieren.	Enthält nur noch **Ca**. Versetzen mit Ammoniumoxalatlösung. Weißer Niederschlag von Ca(COO)$_2$, Identifizierung durch Flammenfärbung.

V. Gruppe, Magnesium und Alkalien.

Das Filtrat des Ammoniumkarbonatniederschlags kann nur noch Magnesium und die Alkalien aufweisen. Es enthält aber noch einen großen Überschuß von Ammoniumverbindungen. Es ist ratsam, diese zu entfernen. Wir werden also diese Lösung in einer Porzellanschale abdampfen und den Rückstand solange glühen, bis keine weißen Nebel von flüchtigen bzw. sich zersetzenden Ammoniumverbindungen mehr entweichen. Wir prüfen jetzt schon zweckmäßig den Rückstand auf seine Flammenfärbung. Eine lang anhaltende, intensiv gelbe Färbung zeigt Natrium an. Beobachten wir diese Flammenfärbung durch ein Kobaltglas, so ist die Flamme bei Gegenwart von Kalium rotviolett gefärbt.

Einen Teil des Rückstandes prüfen wir auf Magnesium folgendermaßen: Wir lösen ihn in wenig verdünnter HCl und filtrieren. Das Filtrat wird mit Ammoniak alkalisch gemacht und mit einer Ammoniumchlorid- und Natriumphosphatlösung versetzt. Ist Mg vorhanden, so entsteht ein weißer kristalliner Niederschlag von MgNH$_4$PO$_4$, dessen kristalline Struktur unter dem Mikroskop sicherzustellen ist. Es kann mitunter das Calcium auch noch an dieser Stelle ausfallen, und zwar als Phosphat, das aber immer amorph ist. Daher ist die mikroskopische Untersuchung stets vorzunehmen. Ist Magnesium vorhanden, so muß es aus dem übriggebliebenen, größeren Teil des Rückstandes entfernt werden.

Zu diesem Zwecke bringen wir den Rückstand wieder mit verdünnter HCl in Lösung. Die Lösung wird filtriert und mit einigen ccm einer Barytwasserlösung versetzt. Das Magnesium fällt vollkommen als Mg(OH)$_2$ aus. Das Filtrat muß einen Überschuß von Ba(OH)$_2$ enthalten, der durch Ammoniumkarbonat entfernt werden muß. Ammoniumkarbonat fällt das überschüssige Bariumhydroxyd als Bariumkarbonat. Das Filtrat dieses Niederschlages enthält nur noch die Alkalien einschließlich des Ammoniums.

Zum Nachweis der Alkalimetalle, Kalium und Natrium, müssen wir das überschüssige Ammonium wieder entfernen. Dies geschieht in derselben Weise wie oben beschrieben: Wir dampfen die Lösung in einer Porzellanschale bis zur Trockne ein und glühen den Rückstand solange, bis keine weißen Nebel mehr entweichen. Den Rückstand lösen wir in Wasser und filtrieren ihn gegebenenfalls. Einen Teil der Lösung versetzen wir mit einigen Tropfen einer Natriumhexanitrokobaltiatlösung. Entsteht ein gelber Niederschlag, so hat sich $K_3[Co(NO_2)_6]$ gebildet. Der andere Teil der Lösung wird mit einer wässerigen, frisch bereiteten Lösung von saurem Kaliumpyroantimonat versetzt. Bei Gegenwart von Natrium bildet sich das schwer lösliche $Na_2H_2Sb_2O_7$.

I. Lösung: Enthaltend **Mg**, **K**, **Na** und großen Überschuß von **NH_4**. Glühen. Glührückstand mit verdünnter HCl auflösen, filtrieren.

II. Lösung: Enthält **Mg**, **K** und **Na** als Chloride. Einen kleinen Teil dieser Lösung mit NH_4OH alkalisch machen und mit Natriumphosphatlösung versetzen. Weißer, kristalliner Niederschlag zeigt Mg an (Mikroskop). Den anderen, größeren Teil der Lösung mit Überschuß von $Ba(OH)_2$-Lösung versetzen und filtrieren.

I. Niederschlag:

$Mg(OH)_2$, braucht nicht mehr weiter identifiziert zu werden, da diese Reaktion nur angestellt wird, wenn die eben beschriebene Bildung von Magnesium-Ammoniumphosphat stattfindet. Filtrieren.

III. Lösung:

Enthält **K**, **Na** und überschüssiges $Ba(OH)_2$. Letztes wird durch Ammoniumkarbonat entfernt. Filtrieren.

II. Niederschlag:

$BaCO_3$. Wird verworfen.

IV. Lösung:

Enthält **K**, **Na** und überschüssiges NH_4. Dieses wird durch Eindampfen der Lösung und vorsichtiges Glühen des Rückstandes entfernt. Mit dem Rückstand wird die Flammenfärbung angestellt: Gelbes, intensives Licht deutet auf Natrium hin, eine Rotviolettfärbung der Flamme, hinter dem Kobaltglas beobachtet, auf Kalium. Rückstand wird mit Wasser aufgenommen und filtriert.

V. Lösung:

Na und **K** als Chloride.
a) Mit $Na_3[Co(NO_2)_6]$ versetzt: gelber Niederschlag von $K_3[Co(NO_2)_6]$.
b) Mit $K_2H_2Sb_2O_7$-Lösung versetzt: Weißer Niederschlag von $Na_2H_2Sb_2O_7$.

Druck der Spamerschen Buchdruckerei in Leipzig.